最簡單的生產製造書⑥

圖解 精密切削加工

先備知識╳量測技術╳工程設計╳實作演練，
鍛鍊技法、成本、品質兼具全方位即戰力

大坪正人 著

宮玉容 譯

U0015648

推薦序

許廷瑞 「超認真少年」品牌創辦人

　　傳統工業老年化和新生代無法銜接是接下來臺灣工業面臨最大的問題，再加上對於基礎工業知識的缺乏，現階段的學校教育為了增加入學率，購買大批新型設備但以套版封包的模式教學，卻沒有發現這種學習模式不僅無法和現階段業界結合，也造就了只懂程式代碼卻不懂製程及組立的學生。

　　因為工業基礎的不普及，應該要站在工業基礎上的設計師在業界參差不齊，也造成了常常會看到不符合工業製程或是違反地心引力的誇張設計。

　　工業基礎為何重要？我們在中等教育的生活科技學習火箭、磁浮列車，但卻連螺絲的牙條都分不出來。學習三角函數微積分，但卻不會換燈泡，也分不出 110v 和 220v 的電。這些都是造成臺灣工業和機械無法革新的原因，大多數人無法在學理和技術上能真正結合，既然不能結合，那更別說創新了。當看到新生代的學生 CNC 製作出來的都是一些鋼鐵人、皮卡丘的外國文化仿製品，卻自以為是創意時，我們更應該思考長期以來為了快速看到成效的學習方程式，是否應該重新推翻，回到最根本的加工基本原理養成。

　　當基礎加工原理有了，當有打樣的想法時，大腦已經有了排刀流程、材料成本、加工時間的演算。當懂了基礎的切削道理，在設計和製程上也

能重新釐清為了「需求」去選擇對的工法和材料，並掌控最終產品的完成度。這都能建構在未來大量生產時牽一髮動全身的產品良率表現。

「選擇比努力重要」，當有正確的觀念才能做出對的製程選擇，在工業的世界中一項產品都會有幾十種甚至上百種的做法，當你選對了材質、工序或是加工的工具，能減少大量付出勞力和心力卻沒得到該有產品回報的機率。

《圖解精密切削加工》從加工的基礎談起，更重要的是教大家如何擁有業界共通的「語言」。是一個適合跨領域、機械、加工、產品設計、工業設計、汽機車改裝和五金製造......等，都適合閱讀學習的書籍，內容淺顯易懂，也是在業界所謂的「老師傅」記錄畢生經驗心得傳承的工具書。

本書目的為培養具實務即戰力的人才，內容以可加深初學者理解的基礎知識，以及有助於實務現場的實作技術為主軸撰寫而成。此外，本書所發表的資訊為 2010 年當下的資料，實際在現場運用時，請務必向各廠商詢問最新資訊、細節及其他相關情報。

　　文中所記載的產品名稱、公司名稱，皆為各公司商標或註冊商標，故不再另外標示TM、Ⓡ、Ⓒ。

前言

　　現今精密切削加工的專業書籍，多數是羅列需要花時間理解的切削理論，以及依規格分類而成的刀具形狀、名稱，但是並非將這些知識和專業術語記入腦中就能馬上進行切削加工。此外，相較於其他加工技術，切削加工技術近年的發展驚人，過去認為不可能達到的切削精度、形狀都漸漸可加工出來，數十年前製作的規格和加工常識大多已不適用。

　　筆者本身是工廠經營者，每天與精密加工奮戰，本書以宏觀的角度整理出精密切削加工的要點，從解讀圖面的方法、機械和刀具的選法，導出現場實際採用的切削加工條件的方法，進而到扎實的量測技術、確保品質的思考方式、工業標準等，希望能幫助有志於從事切削加工的讀者，掌握精密切削加工的整體樣貌與訣竅。

1章　何謂精密切削加工？

2章　讀懂圖面是精密切削加工的第一步

3章　認識工業標準

4章　精度仰賴量測

5章　工程設計是關鍵

6章　理解實際的加工步驟

7章　實作！精密切削加工

8章　品質是公司的綜合力量

9章　理解工具機的架構

1章

何謂精密切削加工？

1.1 精密切削加工的定義

提到精密切削加工一詞，其實很難有一個明確的定義，到底有多精密？切削加工指的又是什麼？本書為使讀者容易理解，在此簡單地定義如下。

首先，世界上製作物品的方式，可以粗略地分為兩種，一種是製做出模具（當成原版）後再大量複製；另一種方法是使用各式各樣的工具將特定材料製作出所需形狀（圖1-1、圖1-2）。

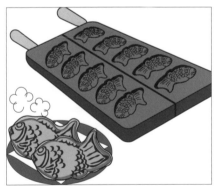

圖1-1 製作模具大量生產

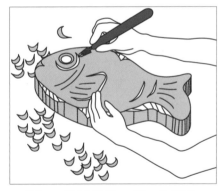

圖1-2 使用工具一個一個製作

用前者方法生產的有手機和電腦外殼等塑膠零件、汽車本體等金屬沖壓零件、引擎中的汽缸體等鑄造零件，存在於我們生活周遭大多數的物品都是以此方法製作而成。

此種方法的優點是，只要製作一次原版的模具，再將其複製（成形）就可降低成本，將材料費壓到最低。但製作模具的成本甚高，從成品價格的數百倍到數百萬倍以上都有，如果沒有一定的生產量，很難有機會開模。像是要製作1個賣價大約10日圓的塑膠零件，其模具的費用就高達500萬日圓。

相較之下，後者是將材料一個一個製作成零件，會比前者花費許多工夫，但優點是不用製作模具也可以生產、適合少量生產，而且在製作一個一個零件的同時也能確實控管品質。汽車的引擎實際上綜合了以上兩種方法，先鑄造出鑄模，再將需要精度的地方施以切削加工。

除此之外，依素材的種類、形狀以及所需的成品形狀，也有相應的各式各樣的加工技術，像是使用鑽頭鑽孔、使用刀具切削、使用砂輪研磨等（圖1-3）。

[切削]

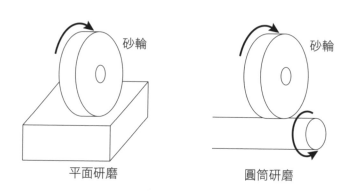

鑽頭　　　　　端銑刀　　　　　　　　　　車刀

鑽孔　　　　　　銑床　　　　　　　　車削

[研磨]

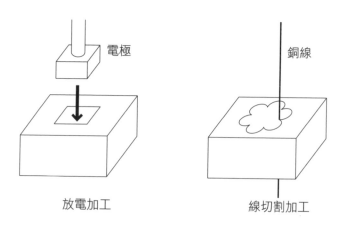

砂輪　　　　　　　　　砂輪

平面研磨　　　　　　　圓筒研磨

[放電]

電極　　　　　　　　　銅線

放電加工　　　　　　　線切割加工

圖1-3　加工的種類

本書涉及的精密切削加工如同它的名稱，是使用刀具的切削方法，尤其是指高精度要求的技術（數微米～數10微米）。此外，在高精度的技術中，使用研磨加工、或是使用裝在價值超過1億日圓機台上的鑽石特殊刀具，以及精度鎖定在1μm（微米）以下的技術雖然也不在少數，但本書相對來說，主要聚焦在使用一般加工機（車床、銑床、中心加工機）或刀具（端銑刀、鑽頭、車刀）時，要如何施以高精度加工（**圖1-4**）。

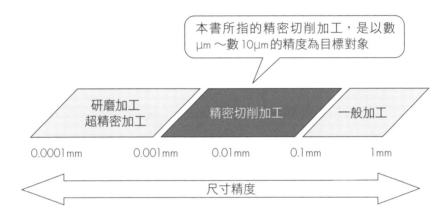

圖1-4　加工精度的範圍

1.2　精密切削加工的使用時機

精密切削加工會使用在重要零件的哪些部位呢？實際上我們生活周遭並非隨處可見，大部分的物品是以模具製作出來的。其中，「精雕細琢」一詞雖有高級之意，但大多是用於熱中某項事物之人口中的逸品，例如「精製汽車換檔頭」（**圖1-5**）、「精製機車進氣喇叭口」（**圖1-6**）、「精製高爾夫球桿」（**圖1-7**）等各式各樣的物品。

圖1-5　汽車排檔頭（本田技研工業股份有限公司生產的Integra Type R）

圖1-6　進氣喇叭口（吉村股份有限公司生產的Dual Stack）

圖1-7　高爾夫球桿（ODYSSEY）

　　不過，這僅是精密切削加工的一小部分，大部分使用精密切削加工的物品，並非舉目可見。

　　在此將使用精密切削加工的類別簡單分類如下：

①支撐承載高速運動的零件

例如：飛機的引擎、機構零件、賽車裡的零件或醫療用機器人的零件

圖1-8　噴射飛機引擎（IHI 股份有限公司）

②製造用的工具、裝置裡的零件

例如:半導體裝置、各種檢測儀器

圖1-9　貼片機（JUKI 股份有限公司）

③生產量極少的裝置、機器裡的零件

例如：太空相關零件、特製的製造裝置

圖1-10　超小型人工衛星（Axelspace股份有限公司）

　　這類領域的產品具有以下特性，是精密加工所擅長並能靈活運用之處：

- 高精度
- 高可靠性
- 高強度
- 形狀自由
- 小批量

　　順帶一提，筆者的公司專精於精密加工，從各領域產品占營收的百分比來看，大概就如同圖1-11的圓餅圖所顯示，產業會使用精密切削加工的比率也大致與該圓餅圖一致。未來預估航太產業的需求會再成長。

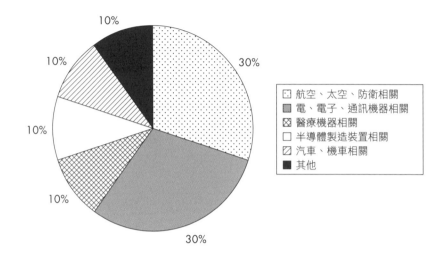

圖1-11　由紀精密機械領域別營收圓餅圖（2010年）

　　另一方面，此類零件的品質管理要求非常高，不容許馬馬虎虎的加工。稍一不慎（弄錯材料之類）就有可能奪去數百條性命。也因為如此，有志於精密切削的人，不僅要注重是否達到精度，同時也必須具備量測、品質管理、規格以及其他各式各樣的知識。

2章

讀懂圖面是精密切削加工的第一步

　　許多精密加工零件是依照2D圖面製造出來，早期的圖面是在製圖桌上用手繪製而成，近年幾乎都是繪製成2D圖檔；不過繪製成3D圖檔的圖面也有逐步增加。依產品不同，2D圖檔無法讀取的資訊（如任意曲面等）雖然主要是繪製成3D圖檔，但最後尺寸公差、表面粗糙度等形狀以外的資訊，還是會繪製成可在1張紙上呈現的2D圖面。

　　有志從事加工的人，要是看不懂圖面就無法進行下一步，繪製在圖面上的資訊一個也不能漏看，製造出的產品也必須符合圖面上的所有條件。所以，精密切削加工要從看懂圖面的所有資訊開始。

　　接下來，就來看**圖 2-1** 的2D圖面範例。

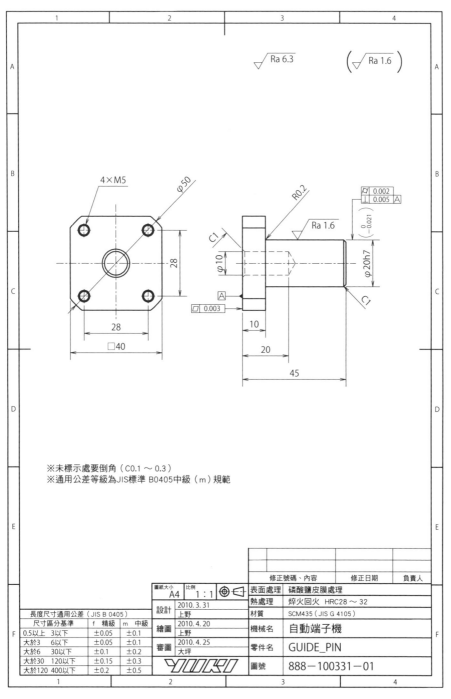

圖 2-1 圖面範例

2.1 線的種類

　　圖面不用說都是以線條繪製而成。以線的屬性來說，有粗線和圖案，在JIS標準裡各有其代表的意義，可參見**表2-1**。

　　如果沒有正確判讀線條的種類，就會看錯形狀，製造出與圖面完全不同的東西。也會有因為看錯尺寸線（細線）和外形線（粗線），發生裁錯形狀的情形。某些圖面的剖面部分會有未補齊（剖面處以斜線填充）的地方，這種情形必須特別留意，務必判讀各線條所表示的意義。此外，虛線代表隱藏線的意涵也常常被省略，很可能因此而漏看形狀，務必注意。

　　近年，因為幾乎都是使用CAD繪製圖面，很少使用手繪線條，因此與目標物其中一部分剖面的交界處常會用直線或圓弧來表示，非常容易導致圖面判讀錯誤。

表2-1 線的種類（參照 JIS Z8316）

線的種類	定義	用途
A ————————	粗實線	A1　可見處的外形線 A2　表示可見處的邊線 A3　假想的相交線
B ————————	細實線 （直線或曲線）	B2　尺寸線 B3　尺寸輔助線 B4　為了標註尺寸向外拉出 B5　陰影線 B6　表示圖形中旋轉截面處的外形 B7　短的中心線
C 〜〜〜〜〜〜 D¹ ⟩—⋏—⋏—⋏—	手繪的細實線 ※ 細的 Z 字形線條（直線）	C1、D1　表示切斷目標物一部分邊界，或是截去一部分邊界的交界線
E — — — — — — F - - - - - - - -	粗虛線 細虛線	E1　隱藏處的外形線 E2　表示隱藏處的邊線 F1　隱藏處的外形線 F2　表示隱藏處的邊線
G —·——·——·—	細鏈線	G1　表示圖形中心的線條（中心線） G2　表示對稱的線條 G3　表示移動軌跡的線條
H ▔·▔·▔·⌐	細節線，兩端及方向轉換處會變粗	H1　表示截面位置的線條
J —·——·——·—	粗鏈線	J1　特別要求事項適用範圍的線條
K —··——··——··—	雙點線	K1　相鄰零件的外形線 K2　表示可動部分的可動中的特定位置或是可動界線的位置（想像線） K3　連接重心的線條（重心線） K4　加工前零件的外形線 K5　表示位於截斷面前方的零件的線條

※：可抉擇使用細線或粗線，不過建議一張圖面中還是統一一種畫法就好。
參考：在ISO128中，規定將A3假想的相交線換成細實線拿來替用B1。

2.2 投影圖

　　產品的形狀會以投影圖來表示，也就是為了能表示產品形狀，使用最低限度的投影面所繪製而成的圖面。舉例來說，如果要表示圓柱狀的零件，用側面看過去的視圖加上中心線和尺寸就足夠（**圖2-2**）。用最低限度的投影面繪製而成的圖面看起來也會較專業。

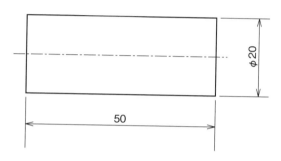

圖2-2　圓柱的投影圖

　　另一方面，有投影面也意味著很有可能只會刊載投影面的相關的資訊，務必仔細看清所有的投影圖並且不要漏看形狀。

　　從投影方法應注意的要點來看，投影方向大致可分為2種（第一角法和第三角法），即使是相同形狀的產品，繪製的位置關係不同，就有可能混淆。不管使用何種投影方法都必須標示在圖面上（**圖2-3**），但未標示的資訊也會頻繁出現，遇到時務必注意。

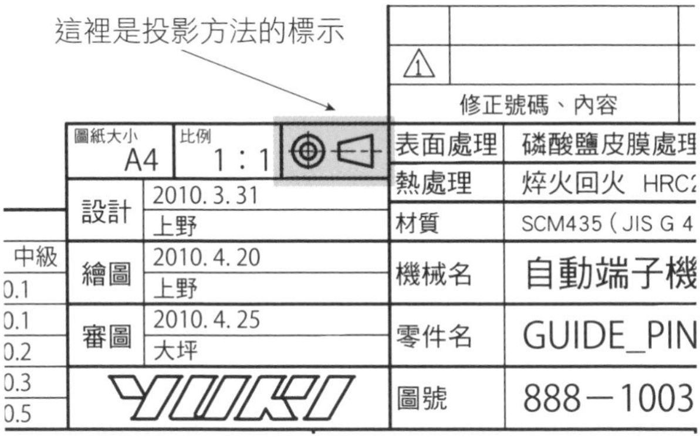

這裡是投影方法的標示

| 圖紙大小 A4 | 比例 1 : 1 | ⊕ ⊏ | 表面處理 | 磷酸鹽皮膜處理 |

修正號碼、內容

			表面處理	磷酸鹽皮膜處理
設計	2010. 3. 31 上野		熱處理	焠火回火　HRC2
			材質	SCM435（JIS G 4
中級 0.1	繪圖	2010. 4. 20 上野	機械名	自動端子機
0.1 0.2	審圖	2010. 4. 25 大坪	零件名	GUIDE_PIN
0.3 0.5	YUKI		圖號	888－1003

圖2-3　圖面上投影方法的標示

　　日本雖然是使用第三角法的投影法，但需要特別注意海外採用第一角法的圖面也很多。**圖2-4**是同一形狀的物品分別使用第一角法和第三角法繪製而成的圖面。由圖可看出B和E，以及C和D的位置是完全相反的。第一角法是將所看到的產品面，投影在產品後再畫出其影像（**圖2-5**）；第三角法則是將所看到產品面畫在眼前。如果弄錯了，就有可能變成線對稱形狀，要多加留意。

　　此外，一些內部構造複雜的部位無法單以投影圖表示時，就會使用截面圖。甚至一些局部較細微的形狀，還會繪製局部擴大的放大圖。

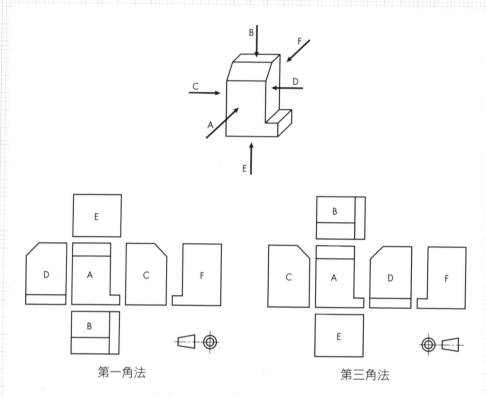

第一角法 第三角法

圖2-4 第一角法與第三角法

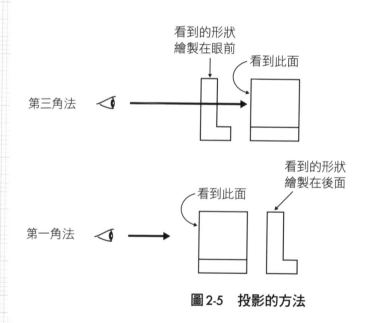

圖2-5 投影的方法

2.3 尺寸

投影圖上也應當將尺寸毫無遺漏地載入，尺寸的單位基本上是以mm表示，不用加上單位符號。表示角度時，°（度）、′（分）、″（秒）可併用（什麼都沒標記時以°（度）表示）。另外，不會只使用數字，在前後還會有各式各樣的指示符號。

和尺寸一起使用表示補充其意義，稱做尺寸輔助符號，主要可以**表2-2**來表示。

表2-2　尺寸輔助符號一覽表

類別	符號	中文念法	用法
直徑	φ	ㄷㄞ	標示在數值前面，表示直徑
半徑	R	R	標示在數值前面，表示半徑
球面的直徑	Sφ	Sㄷㄞ	標示在數值前面，表示球體的直徑
球面的半徑	SR	SR	標示在數值前面，表示球體的半徑
正方形的邊	□	正方形	標示在數值前面，表示正方形的邊長
板的厚度	t	t	標示在數值前面，表示板的厚度
圓弧長度	⌒	上括弧	標示在數值前面，表示圓弧的長度
45°的倒角	C	C	標示在數值前面，表示45°倒角的尺寸
理論正確尺寸	▭	方框	理論上的正確尺寸，數值會標示在方框裡面
參考尺寸	(　)	括號	標示在括號裡面，表示參考尺寸

圓弧符號會標示在數值上方，參考尺寸的數值會填入括弧內，理論正確尺寸會將數值放於方框內，其他的尺寸輔助號皆會標在尺寸前面。此外，也有像下方案例於標示在尺寸前方的符號前面再寫上數字的情形。

4 × ϕ 12

這是表示 ϕ 12的孔有4個的記號，而實際上也有許多圖面會以4－ϕ 12來標示，兩者的意義都是相同的（**圖2-6**）。

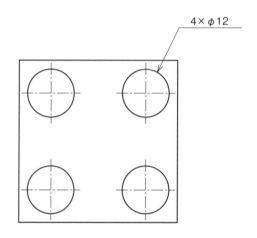

4×ϕ12

圖2-6　有4個孔時的標記法

倒角部分標示2 × 45°時，並不代表有2個45°的倒角，而是表示寬度2mm的45°倒角，請不要弄錯。圖面中很多地方會用到「×」這個符號，會隨著使用場合的不同而有不同的意義，需要特別注意。

標示在數字後面的符號，表示容許公差。標準的標示法是在尺寸數值的後面加上±，譬如±0.05，以±表示尺寸值的上限和下限是相同範圍的容許公差值，或是像$^{+0.05}_{0}$、$^{0}_{-0.05}$這樣標示尺寸的上限和下限，則表示容許公差範圍是不同的情形（**圖2-7**）。公差即是將標示在後面的上下兩個數字相減，也就是所謂容許公差的最大值和最小值的差。

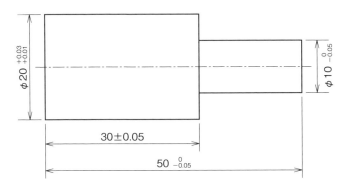

圖 2-7　公差的標記

　　雖然所有的尺寸容許公差只以 ± 來標示會輕鬆許多,但實際上如果是在 ϕ 10的桿狀物要插入 ϕ 10的孔的情況下,兩者的容許公差都是 ± 的話就無法組裝進去,所以會設定成軸側為－,孔側為＋的容許公差。這樣的關係如果簡單以符號來表示就是配合公差。關於配合公差的詳細說明,可參考第3章的「3.5 配合公差」。像 ϕ 20H7這樣在尺寸數字的後面是大寫英文字母的情況,極有可能就是配合公差。

　　判讀圖面時,不用說一定要看形狀,但毫無遺漏地確認尺寸也很重要。即使圖面上的產品形狀完全相同,假設內徑尺寸的地方有標上 ϕ 2H5,就不僅僅只是圓筒狀的產品圖面,還代表產品加工難度高(**圖 2-8**),製造方法也會不同,價格也會有數倍的變化。

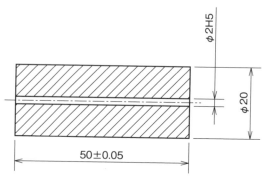

圖 2-8　內徑公差嚴格加工困難

　　尺寸基本上會登載於主視圖裡，無法載入主視圖時就會載入其他的投影圖面。因此，再怎麼樣都找不到尺寸時，就可以用這樣的規則找出來。不過單純只是設計人員忘記標入的情形也很多，有疑問可馬上詢問設計人員。圖面很多都是以傳真方式傳送，而大部分表示公差的字體都很小，必須注意不要看錯。雖然僅是將 -0.003 看成 -0.008，但加工產品的難易度就會變得完全不同。

2.4　表面粗糙度

　　表面粗糙度是決定該產品要如何製作的重要因素。**圖 2-9** 即圖面上表示表面粗糙度的標記法。

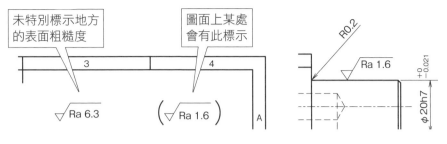

圖2-9　圖面上表面粗糙度的標示

　　舉例來說，標示Ra0.01（平均粗糙度0.01μm以下）時，僅用切削加工很難達成所需要的粗糙度，還需要做研磨加工、研光這類的後處理。投影圖上所記載的表面粗糙度符號必須詳細確認。表面粗糙度的標記方法雖是以日本JIS標準制定，但隨著改版也會有很大的改變，這也是很令人困惑的地方。要表示表面的狀態（日本JIS標準稱表面特徵），並不只有表面粗糙度，也有表示彎曲度或是素材狀態（黑皮、研磨等）的符號。例如，除了上述的標示之外，如果有**圖2-10**的標示，就表示表面的狀態。

有無加工皆可　　不去除材料　　　要加工　　　　依原素材

圖2-10　其他標示表面的符號

　　目前精密切削加工可達成的表面粗糙度，雖也仰賴技術，但如果是Ra0.1程度，仔細地做精加工也可以達到。材質或形狀當然也會有很大的影響，但也需要留意標示表面粗糙度的地方。此外，在與投影圖不相關處所指示的表面粗糙度，表示圖面上未標示粗糙度的地方要以該表面粗糙度做精加工。此處的思考邏輯也與上述提到公差的地方相同，必須確認是否合理。

表面粗糙度明確符合規格時不會特別有什麼問題，但因量測方法的不同，會發生在公司量測正常但在客戶端量測卻異常的結果，所以必須正確地理解規格與量測方法。

有關規格的說明會在第3章詳述。

2.5　幾何公差

精密切削零件的圖面多數都會記載幾何公差。**圖2-11** 就有記載直角度、平面度、圓柱度。

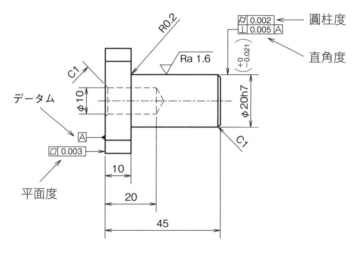

圖2-11　幾何公差的範例

這些地方的幾何公差，實際上往往會因為「無法量測」、「不知道量測方法」而被忽視。但幾何公差和尺寸公差一樣，在切削精密加工中都是非常重要的要素，自然也不能忽視。

第4章會詳細說明幾何公差，必須先讀圖面上的幾何公差，並確認是否擁有可檢測該公差的量測儀器，若沒有則可以去哪裡商借等預先處理事項。

2.6 通用公差

圖面的某處會有如同**圖2-12**般的記載。

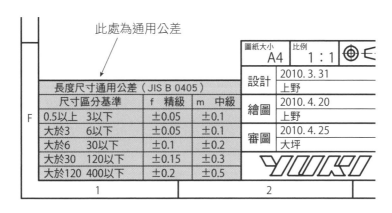

圖2-12 圖面上通用公差的範例

　　上圖是繪製此張圖面的設計人員，針對未記載公差的尺寸所做的尺寸容許值的標示。有的是依據日本JIS標準，有的是設計人員自己訂立。舉例來說，原本因為圖面上各處皆未標示尺寸公差而判斷是容易加工的產品，但如果在通用公差的地方有標示「大於3、6以下的公差為0.01」，就會變成加工非常困難的產品，因此務必要確認圖面上是否有通用公差一覽表。因為有的設計人員並不重視通用公差，或許要更嚴謹的看待這件事，此時若有記載未滿0.05的公差時，最好事先與設計人員確認。

　　連螺栓孔這種沒必要標上精準公差的地方，也會發生完全依照圖面加工但在客戶收料檢驗時卻判定異常的情形。依過往的經驗，以寫有「角度的通用公差在1°以內」的圖面來說，大概是因為不可能測量開在薄球體上的兩個孔的公差，才會有這樣的爭議（**圖2-13**）。

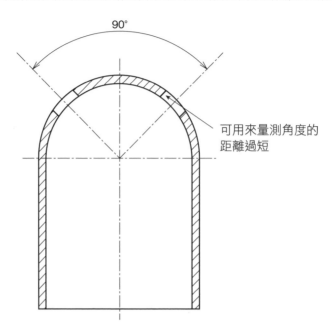

可用來量測角度的
距離過短

圖 2-13　孔的角度很難測量的案例

　　未標記通用公差的情況下，通常會遵照日本JIS標準切削加工產品的通用公差（細節在第3章會說明）。但是要加工細微的形狀時，有時尺寸值會比規範的公差還小，此時就有必要好好確認。

2.7 材質

材質是非常重要的要素，理應不會漏看才是，但有時也會成為意想不到的客訴原因（**圖2-14**）。

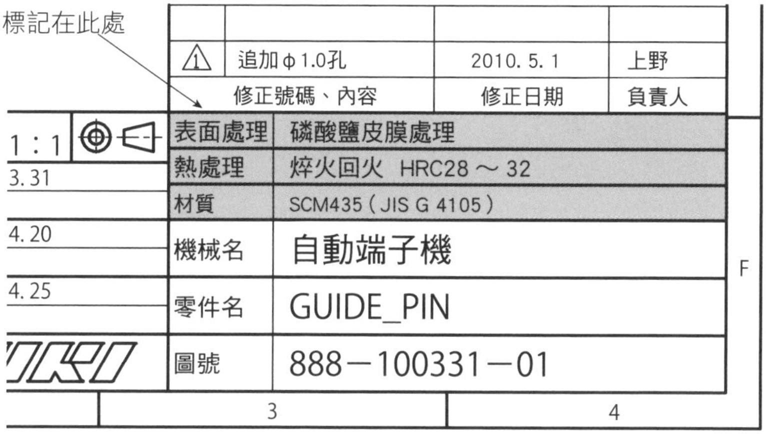

標記在此處			
⚠ 追加 φ1.0孔		2010. 5. 1	上野
修正號碼、內容		修正日期	負責人

	表面處理	磷酸鹽皮膜處理	
1 : 1 ⊕ ◁	熱處理	焠火回火　HRC28 ～ 32	
3.31	材質	SCM435（JIS G 4105）	
4.20	機械名	自動端子機	F
4.25	零件名	GUIDE_PIN	
_/_/_/	圖號	888－100331－01	
		3	4

圖2-14　材質、熱處理、表面處理的標記範例

舉例來說，記載方法有依照JIS、DIN、ISO等的工業標準（標示為A2017、C3604等），也有依照原料廠商的產品編號（HPM38、NAK55等）、或是依照一般名稱（鋁、銅），甚至還有與○○相當的記載方式。例如，即使圖面上依照JIS標準記載為SKD61（JIS G 4404），但與該JIS標準相當的廠商產品五花八門，需要比對材質表（材料成分表），確認成分是否完全符合JIS標準所規範的範圍。以過去曾發生過的爭議為例，雖然圖面上標示的材料是JIS規範的產品編號，但因為與其相當的材料和所希望的形狀無法適用，廠商在未與客戶確認的情況下改用同等的材料，結果驗收時客戶判定為異常。尤其年代久遠的圖面上所記載的型號有許多是當下已無流通的產品，需要多加留意。

此外，依照使用用途，即使材質相同但製造方法不同，也會被視為不同的材料。例如SUS304（不鏽鋼）的棒材，依據不同的製造方法，就有G4303、G4308、G4318這些不同規格。尤其像民航機的零件，必須非常注重材料管理，不僅是材料成分，與製造方法相關的管理也應當嚴格執行。相反地，圖面上材質只有記載鋁的圖面，務必要向客戶確認是純鋁或是鋁合金，如果真的沒有限定，可以選擇方便加工、取得容易的材質。

2.8 熱處理

熱處理的項目意外地容易被漏看。熱處理會記載於標題欄，有時投影圖的某些地方也會有標示，又或者被註記在欄外（**圖 2-14**）。此外也和材料一樣，會指示使用有經過熱處理的材料，然而素材經過熱處理後沒有意外都會變形。依材質的不同，大小會有很大的差異，是否藉由掌握熱處理的時機來施行，必須將該產品所要求的公差、表面粗糙度等其他條件也一併考慮進去。如果像工具鋼這類材質硬的材料，進行淬火後再加工會無法達到所要求的精度時，研磨加工的效率會明顯優於切削加工。

熱處理有各式各樣的標記法，像是有的記錄細部溫度與時間的圖表、或是以HRC之類的硬度等級標示最終硬度、也有的僅標示淬火回火而已。總之事先向設計人員確認會比較好。

2.9 電鍍以及其他表面處理

關於電鍍等的表面處理，往往都被認為等所有加工都完成後再考慮就好，但在精密加工中卻不是這麼一回事。幾乎所有的表面處理多多少少都伴隨著尺寸變化，例如，無電解鍍鎳時，因表層覆有數微米的鍍膜，若圖面要求的尺寸公差只有5μm，電鍍後就會超出公差範圍。因此必須隨著表面處理的種類，預估表面處理的厚度來調整加工尺寸。尤其像鍍硬鉻、硬膜陽極處理等這些加工後尺寸變化大的表面處理，必須特別注意。

此外，較為惱人的一點是，有時設計人員將零件的公差設定成電鍍前的加工公差，此時大多會在圖面上記載「電鍍前的尺寸」，也有極少數在圖面上沒有特別標註，標記的尺寸就是約定俗成的電鍍前的尺寸。因此，為了避免爭議，接到標示需表面處理的圖面時，最好事先確認圖面上標示的尺寸公差是表面處理前還是處理後的公差。尤其加工物是螺絲時更為棘手，JIS標準雖有規範表面處理前的尺寸，但實際上鍍膜之後增加厚度會產生螺紋環規放不進去無法測量的狀況，必須謹慎以對。希望大家能充分理解表面處理的陷阱相當多。

2.10 倒角、R角（內凹圓角）

在加工零件時，無法加工出理論上的完美角度（通稱直角）。即使要加工出直角，無論如何都還是會有毛邊產生，因此普遍都會再加工倒角或R角。成品若殘留尖銳的邊角，組裝時也會產生割傷手等問題。

但是這類的指示幾乎不會完全標註在每個邊角上，需要倒角時，很多會用「未標示的角度為C0.5」這類的註解來替代，或者標示修邊。修邊一詞很難解讀，會依零件的大小有所不同，大部分是指加工C0.05～C0.3左右的倒角。也有的公司會規定修邊固定就是修成C○○的角。如

27

果沒有標示，也要默默地倒角，雖然不需要有角度的地方標示「不可倒角」、「磨邊」很正常，最好還是仔細地與設計人員確認。

轉角處的情形也是一樣，因為加工狀況而產生R角是很正常的情形。即使將工具磨得尖銳來避免內凹圓角產生，但只要工具前端發生些許磨耗，立刻又會殘留R角（**圖2-15**）。

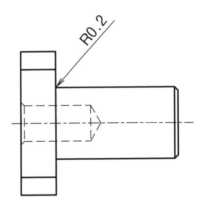

圖2-15　R角示意圖

因此當該零件與其他的零件組合時，圓角會變得比被組裝零件的倒角還要小，如果被組裝零件沒有倒角或是倒角非常小時，與其將圓角修得比所需的角度還要小，加工成逃槽的形狀比較不會有問題。因此，無論看到多麼小的R角尺寸標示（R0.02以下等），最好先向客戶確認是否可做成逃槽形狀，或是將被組裝零件的倒角加大，又或者確認可否將圓角加大。

如果客戶要求的R角很小，會變成需要選用圓角小的工具，如此一來就會產生因磨耗造成尺寸變化大的問題，不僅高精度的尺寸管理變得困難，同時因為要維持同一平面的粗糙度會導致加工速度下降，連帶導致成本增加。

2.11 補充說明

　　圖面最容易被漏看的其中一項就是註解。圖面會寫上相當重要的資訊，像是使用材料、表面處理、表面粗糙度等指示，製作產品時希望大家能用心一一閱讀圖面上的文字，連寫在角落的資訊也不要放過。

　　如同前面一再提過的，圖面上呈現的不只有零件的形狀，還記載了各式各樣形狀所無法表達的資訊。看錯其中一項資訊，甚至會製作出完全不同的零件。

　　沒有意識到圖面資訊重要度的設計人員好像比想像中還要多。雖然有時候是因為繪圖的設計人員經驗不足，所以和設計人員的溝通也很重要。只要把一個記載錯誤的資訊當做是真的去加工，即使費了一番功夫搶救最終仍會失敗，這樣的例子非常多。

　　在進入實際加工之前，請務必理解圖面以及設計人員繪製圖面的想法。

3章

認識工業標準

3.1 何謂工業標準

　　第2章中曾提過多次，工業標準是製作物品時不可或缺的存在。例如螺絲是以M5的規格最為通用（**圖3-1**），如果不用M5當記號而直接顯示螺絲的尺寸，需要記載的資訊量就會暴增。

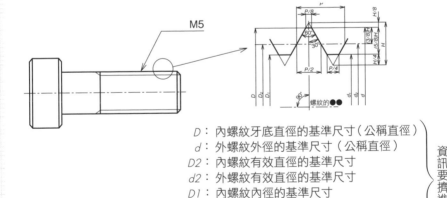

D：內螺紋牙底直徑的基準尺寸（公稱直徑）
d：外螺紋外徑的基準尺寸（公稱直徑）
D2：內螺紋有效直徑的基準尺寸
d2：外螺紋有效直徑的基準尺寸
D1：內螺紋內徑的基準尺寸
d1：外螺紋牙底直徑的基準尺寸
H：螺紋高度
P：螺距

實際會有這些資訊要擠進去

圖3-1 螺紋的簡略標示

除了螺絲，其他像是配合公差、表面粗糙度、材料、熱處理、圖面繪製方式以及其他沒想到的資訊，幾乎所有的加工要素工業標準都有囊括。不過只注意圖面繪製的數值與形狀，忽略工業標準的案例也很多。本書無法網羅所有的工業標準，但會特別將精密切削加工時不可不知的重點部分提出來解說。

3.2 工業標準的種類

工業標準種類繁多，舉例來說：

- **JIS 日本工業標準**：日本標準，慢慢朝向與ISO通用。
- **ISO（國際標準化機構）標準**：世界標準，其中以ISO9001最為有名。
- **ANSI（美國標準協會）**：美國標準，路線自成一格。
- **DIN（德國標準協會）**：德國常見的標準。

除了上述代表性的標準之外，還有汽車、飛機、電機產業等各式各樣的業界標準：

- **MIL標準**：美國國防總部制定在軍隊使用的調度標準（廢止方針→朝向ISO推進）。
- **ASTM標準**：美國材料試驗協會制定的材料與試驗方法的標準。

以上各種標準在精密切削加工現場很常見。首先必須先了解零件是依據何種標準設計。關於每個標準的詳細內容，可以利用網路檢索，也可以向有收藏工業類書籍的大學理工學院圖書館借閱查詢。筆者就常利用縣立產業試驗中心的圖書館，那裡不僅有最新的標準，連舊有的標準也有收藏，看不懂舊圖面時可以直接查閱相當方便。此外JIS也能在網路上瀏覽。

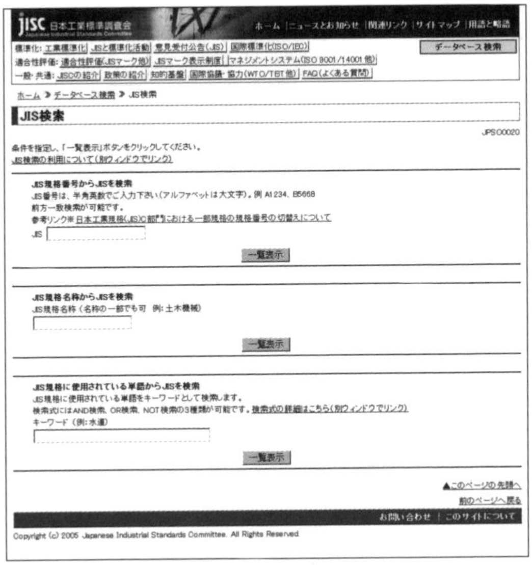

圖3-2 JIS 網頁檢索畫面
（日本工業標準調查會網站 http://www.jisc.go.jp/ ）

　　利用網路雖然非常便利，但如果沒有先記住一定程度的規則，檢索起來會相當困難。本書會盡可能寫出標準編號，藉由檢索這些編號就可順利地找到想查的標準。

　　接下來，將先以日本最常使用的 JIS 為中心來進行解說。雖然目前有整合成世界標準 ISO 的趨勢，但目前流通於日本製造業的圖面大多都還是依據 JIS 繪製，因此本書仍以 JIS 為中心來撰寫。

3.3 關於JIS

JIS的標準編號原則如下標記：

JIS B 0001：2003

JIS的後面會接續 A ～ Z 的字母，代表分類。各字母的分類一覽表如**表**3-1。接在字母後面的是標準編號，最後會標記該標準更新的年份。

精密切削加工常出現的分類有：B（一般機械）、G（鋼鐵）、H（非鐵金屬）、Q（管理系統）、Z（其他）。舉例來說，一般機械的繪製方法是規定於 JIS B 0001，而筆者所取得的航空、太空的品質管理系統認證則是規定於 JIS Q 9100：2008。

因標準更新頻繁，需要時常確認繪製的圖面、製作的零件是依據哪一個年度版本的JIS，但此點很少被注意到。有關頻繁使用的標準，前述的JIS網站應當會上傳最新版，但最好仔細確認。理工藏書豐富的圖書館多數會收藏舊標準。

表 3-1　JIS 的分類記號

分類記號	分類	精密切削加工頻繁出現項目
A	土木及建築	
B	一般機械	○
C	電子器械及電動機械	
D	汽車	
E	鐵路	
F	船舶	
G	鋼鐵	○
H	非鐵金屬	○
K	化學	
L	纖維	
M	礦物	
P	紙漿及紙	
Q	管理系統	○
R	窯業	
S	日用品	
T	醫療安全用具	
W	航空	
X	資訊處理	
Z	其他	○

3.4 螺紋規格

JIS中涉及螺絲的項目繁雜，其一覽表如**表3-2**所示。例如B0101是螺絲的用語及定義，出現不知道的螺絲用語時就可參考此處。

表3-2　螺絲相關標準一覽表

JIS標準編號	JIS標準名稱
B0101	螺絲用語
B0123	螺絲表示方式
B0002-1 ～ 3	製圖—螺絲及螺絲零件
B0205	公制粗牙螺紋
B0206	通用粗牙螺紋
B0207	公制細牙螺紋
B0208	通用細牙螺紋
B0209	公制粗牙螺紋的容許限度的尺寸及公差
B0210	通用粗牙螺紋的容許限度的尺寸及公差
B0211	公制細牙螺紋的容許限度的尺寸及公差
B0212	通用細牙螺紋的容許限度的尺寸及公差

雖然用網路也能檢索到許多資訊，但大多偏離JIS所定義的內容。此外也有細牙螺紋該稱「細牙螺紋」還是「小螺紋」的爭論，JIS則明確定義為「細牙螺紋」。關於螺絲的種類與表示方式則是記載於JIS B 0123（**表3-3**）。

表3-3　螺絲的種類與表示方式

區分	螺紋種類		表示螺紋種類的記號	公稱螺紋的標示方法範例	引用標準
螺距以mm表示的螺紋	公制粗牙螺絲		M	M8	B 0205
	公制細牙螺絲		M	M8 × 1	B 0207
	通用螺絲		S	S0.5	B 0201
	通用梯形螺絲		Tr	Tr10 × 2	B 0216
螺距以牙數表示的螺紋	管用錐度螺絲	錐度外螺紋	R	R3/4	B 0203
		錐度內螺紋	Rc	Rc3/4	B 0203
		平行內螺紋	Rp	Rp3/4	
	管用平行螺紋		G	G1/2	B 0202
	通用粗牙螺絲		UNC	3/8-16UNC	B 0206
	通用細牙螺絲		UNF	No8-36UNF	B 0208

引用自JIS B0123（新日本法規出版股份有限公司）

螺距以mm表示時，螺紋的表示方法的規則如下：
〔表示螺紋種類的記號〕〔表示公稱直徑的記號〕×〔螺距〕-〔等級〕-〔螺紋方向〕

例如M14 × 1.5-5H-LH表示公制細牙螺絲精度等級5H的左螺紋。標示粗牙螺絲時可以省略螺距，螺紋等級不重要時可省略，甚至因為右螺紋是普遍常用的螺紋方向也可省略。標示雙螺紋如標示M8 × L2.5P1.25時，L表示導程、P表示螺距。另外標示螺紋深度時，不可寫成M16 × L10，而是寫成M16 × 10。順帶一提，標示引孔直徑和深度時，可標記成M12 × 16/ϕ10.2 × 20。此外B0123還有規定通用螺紋、管用螺紋等各自的標記方式，希望各位可以參考。

接著，關於螺紋公差，像是公制粗牙螺絲的公差是列在 JIS B0209-1 ～ -5。提到螺紋精度，大家熟悉的是 1 級、2 級的說法，雖然現在也常被使用，但 1 級、2 級這樣的標準已過時。在 1973 年度版已開始使用有公差區域等級（6g、5H 等），2001 年度版的 JIS 已完全沒有 1 級、2 級的標記。

那麼要如何和新版的 JIS 對應呢？ 2001 年度版的 JIS 與之後會提到的配合公差同樣以螺絲的配合來分類，有精、中、粗的標準。

精（舊 JIS 1 級）：用於配合公差變動量必須很小的精密螺絲。

中（舊 JIS 2 級）：一般用。

粗（舊 JIS 3 級）：舉例來說是用於像熱軋棒材或深盲孔螺紋加工這種製造困難的狀況。

（參照 JIS B 0209-1：2001）

為滿足以上所述的配合分類，關於外螺紋、內螺紋各自要以多少的公差來加工，可參考**表 3-4**、**表 3-5** 的建議。

表 3-4 內螺紋的公差區域等級建議

配合種類	公差位置 G			公差位置 H		
	S	N	L	S	N	L
精	—	—	—	4H	5H	6H
中	（5G）	6G	（7G）	5H	6H	7H
粗	—	（7G）	（8G）	—	7H	8H

表 3-5 外螺紋的公差區域等級建議

配合種類	公差位置 e			公差位置 f			公差位置 g			公差位置 h		
	S	N	L	S	N	L	S	N	L	S	N	L
精	—	—	—	—	—	—	—	（4g）	（5g4g）	（3h4h）	4h	（5h4h）
中	—	6e	（7e6e）	—	6f	—	（5g6g）	6g	（7g6g）	（5h6h）	6h	（7h6h）
粗	—	（8e）	（9e8e）	—	—	—	—	8g	（9g8g）	—	—	—

必須要習慣看懂上面工業標準的寫法。首先，公差位置與後面章節會提到的配合公差的邏輯是一樣的，外螺紋從h、內螺紋從H開始做為與理論位置完全接近的公差。之後將字母順序降階成g、f、e（外螺紋）、G（內螺紋）時，就會變成有空隙的公差位置。最好事先記住H是完全吻合、G會有空隙。

而公差位置下面列的S、N、L英文字母，表示螺絲的配合長度，S短L長，各自以螺絲的公稱直徑與螺距來決定，在JIS B 0209-01也有規定。

最後，在G、H等字母前面標示的數字，則表示：
外螺紋的有效直徑：3、4、5、6、7、8、9
外螺紋的外徑：4、6、8
內螺紋的有效直徑：4、5、6、7、8
內螺紋的內徑：4、5、6、7、8

以上數字愈小，代表公差的範圍愈窄。也就是說螺絲的精度更佳。JIS B 0209-1也有表格，表中如果只寫6h表示是外徑和有效直徑皆為6h的外螺紋，7h6h併記在一起時，表示有效直徑是7h、外徑是6h的外螺紋。

到這裡我想應該有很多讀者已經開始錯亂了，再舉一個例子讓各位試著從尺寸去看，例如M5 × 0.8配合長度是5mm一般用螺絲的公差。首先因為是一般用螺絲，配合分類屬於中，5mm的配合長度是落在N（依據JIS B 0209-1的表2），依公差區域等級歸類於6H的內螺紋、6g的外螺紋。實際上當然也有設計人員是選用M5-6H、M5-6g。由此也可按照JIS B 0209-1表的順序，導出實際的外徑、有效直徑的公差，用此方法可導出任何公差。實際上JIS B 0209-2有將實際導出的尺寸值列成表格，直接參照會更快。另外關於有效外徑的測定，一般會使用螺絲用的環規，可用6H螺絲用、6g螺絲用的環規確認。

螺絲還有上述未提到的參數，實際上要完全理解很難。另外，會製造到與螺絲相關零件的加工業者，只要零件能通過環規就會判定OK；更寬鬆的情況下，多數業者的管理方式是能通過市售螺栓就判定合格。但我還是希望有志於從事精密切削加工的讀者，即使是一個螺絲也能確實了解其理論，至少要知道去哪裡查閱尺寸資訊。

3.5 配合公差

　　如果要將 ϕ10的軸插入 ϕ10的孔，沒有將孔做得稍大、軸做得稍小是無法插入的。配合公差就是用來管理這樣的縫隙（**圖3-3**）。

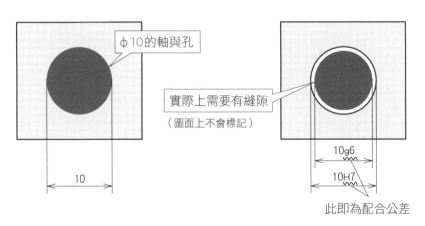

φ10的軸與孔

實際上需要有縫隙
（圖面上不會標記）

10g6
10H7
此即為配合公差

10

圖3-3　配合公差

配合公差記載於JIS B 0401（尺寸與配合公差的方法），雖然是為了要能更簡潔地記載軸與孔的公差，但如果沒有熟練就會理解困難。例如，ϕ6H7依照JIS B 0401-2，其公差為0～＋12μm，也就是說尺寸不會往下縮，會加工成稍微大的孔。而同樣是H7的公差，如果換做是ϕ50H7公差就會變為0～＋25μm，公差範圍也會隨著外徑的大小產生變化。如果是軸就用小寫字母標示，換做是h7就會變在負公差的範圍裡。不管是軸或孔，基準都是H（h），由0開始變成有縫隙的公差。如果要更大縫隙就會變成G、H，反之，如果不要有縫隙（壓入）就會變成Js、J、K。這裡沒有用到I是為了避免與數字1混淆。Js和J的使用也相當繁雜，因為某些基準和過去的慣例已經整合在一起，單以原則來說是無法成立的。順帶一提，Js（js）的公差是由0往上加○○μm以及包含0往下減○○μm，○○裡的數字是一致的（**圖3-4**）。

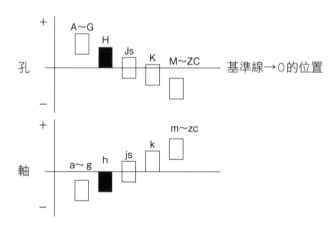

圖3-4　公差位置

接續在字母後面的數字，愈小公差範圍愈窄，精密切削加工中最常見的是5～7，其次也有到4～9。此範圍稱做IT（公差等級），雖然有IT01、IT0～IT18這些等級，但幾乎不會用到。舉例來說，以ϕ6的孔（軸）為例，IT4公差範圍是4μm，IT7的公差範圍則是12μm，公差等級（**圖3-5**）若低於6以下，就要有加工會相當困難的心理準備。

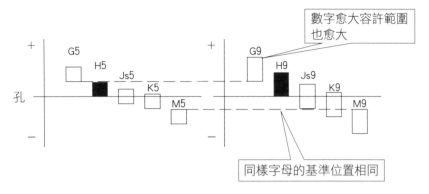

圖3-5　公差等級

因為要將這裡的公差全部記起來是不可能的，通常可以參照已經印好的配合公差表，此外也有可以自動算出公差的免費軟體，可在搜尋引擎中輸入「配合公差」、「自動」這類的關鍵字來搜尋。

3.6 通用公差（一般公差）

通用公差是針對圖面上沒有特別指示公差的尺寸，應該達到何種等級精度的一個指標數值。實際加工時必須經常意識到這個概念。通用公差也可稱做一般公差，規範於JIS B 0405。多數人認為在精密切削加工中，通用公差依照普通的方式加工就不會有問題，因此容易輕忽其實存在著，依不同內容為了滿足條件導致加工起來非常困難的部位。

表3-6是表示長度的JIS通用公差，如表所示會有f～v四種層級，精密切削加工大多會用f或m，通常分別稱為精級、中級。

表3-6　長度的通用公差

基準尺寸的 區分（單位：mm）	公差等級（單位：mm）			
	f 精級	m 中級	c 粗級	v 極粗級
0.5※以上，3以下	±0.05	±0.1	±0.2	—
超過3，6以下	±0.05	±0.1	±0.3	±0.5
超過6，30以下	±0.1	±0.2	±0.5	±1
超過30，120以下	±0.15	±0.3	±0.8	±1.5
超過120，400以下	±0.2	±0.5	±1.2	±2.5
超過400，1000以下	±0.3	±0.8	±2	±4
超過1000，2000以下	±0.5	±1.2	±3	±6
超過2000，4000以下	—	±2	±4	±8

※：針對未滿0.5mm的基準尺寸，依據其基準尺寸另行指示。

　　圖面上沒有公差，不確定要以多少公差加工時，常會有這樣的對話：「通用公差是多少呢？」「請以JIS中級公差來加工」。當然大型工件因為不容易達到精度，通用公差隨其尺寸的大小而有範圍的變化。

　　但是如同各位所查覺到的，未滿0.5mm的尺寸沒有通用公差的標準。針對0.3mm的尺寸應該以多少的公差來加工，就需要向設計人員確認。尤其處理微小製品之類的廠商（例如鐘錶零件），大多數不會使用JIS的通用公差，而是會針對小尺寸另外設定通用公差。請再次參考第2章所敘述的記載於圖面上的通用公差。此外角度的倒角雖然也有通用公差，但因精密加工產品的倒角要低於0.5的情形非常多，公差要設定到多少也是一大問題點（**表3-7**）。

表3-7　倒角的通用公差

公差等級		基準尺寸的分類		
記號	說明	0.5※以上，3以下	超過3，6以下	超過6
		容許公差		
f	精　級	±0.2	±0.5	±1
m	中　級			
c	粗　級	±0.4	±1	±2
v	極粗級			

※：針對未滿0.5mm的基準尺寸，依據其基準尺寸另行指示。

例如若要問倒角應該做C0.3的地方加工成C0.4是否會被判定不合格，如果沒有特別原因應該是可以判定合格的，但如果遇到了會雞蛋裡挑骨頭的品保部門，就會有爭議。為避免事情演變至此，最好一開始就和客戶端協調好倒角的標準。

接著**表3-8**表示的是關於角度的通用公差。

表3-8　角度的通用公差

公差等級		對象角度的較短側長度（單位mm）的分類				
記號	說明	10以下	超過10 50以下	超過50 120以下	超過120 400以下	超過400
		容許公差				
f	精　級	±1°	±30'	±20'	±10'	±5'
m	中　級					
c	粗　級	±1° 30'	±1°	±30'	±15'	±10'
v	極粗級	±3°	±2°	±1°	±30'	±20'

第3章

認識工業標準

43

角度的通用公差相當惱人，第2章也曾提到圖面上存在很多無法正確
測量角度的地方，而實際上只要有通用公差，圖面上的所有尺寸都應測
量，角度也應如此。但很多需要標註 ±1° 的角度，設計人員卻沒標到，
如果有此種情形或是發現有其他沒有指示公差的角度，最好事先確認容許
公差要如何設定。舉一個實際在筆者公司發生過的案例，某張圖面因為圓
弧等分孔的角度公差明顯無法達到 ±1°，所以與客戶協調將注意事項中
的「未標示的角度公差為 ±1°」的項目刪除。此外，關於幾何公差的通
用公差（通用幾何公差）是規範於 JIS B 0419，最好也事先了解。

3.7 表面粗糙度

　　在 JIS 裡用「表面粗糙度」一詞檢索不到任何資訊，因為2010年目前
最新版的 JIS 裡，等同於「表面粗糙度」的標準已變更如下：

JIS B 0031：2003 產品的幾何特性規格（GPS）—表面性質的圖示方法
JIS B 0601：2001 產品的幾何特性規格（GPS）—表面性質：輪廓曲
　　　　　　　　　線方式 —用語、定義以及表面性質參數

　　首先，所謂表面粗糙度即表面狀態（表面性質）的一部分，而表面性
質是產品的幾何特性的一部分。雖然稍微繁雜，但這也是為了要逐漸與
ISO（國際標準）整合，如果往這個方向聯想就不難理解了。標準裡針對
粗糙度及波度有詳細的說明，要全部理解相當困難，本書會針對實際進行
精密加工時會遇到的表面粗糙度、Rz（Ry）、Ra 來說明。

<Rz：最大粗糙度>

通常產品的表面會由許許多多波型所合成的曲線，從波長長到波長短的曲線都有，波長大的是波度，波長小的則是粗糙度，以截取值為界線來區分成分，去除波度的成分稱做粗糙度曲線，去除粗糙度的成分稱做波度曲線（圖3-6）。

圖3-6　粗糙度與波度

Rz一般多被稱做最大粗糙度，精確來說，是指當輪廓曲線為粗糙度曲線時的「最大高度粗糙度」（圖3-7）。算法很簡單，即一基準長度中最高波峰的高度與最深波谷的深度的總和。

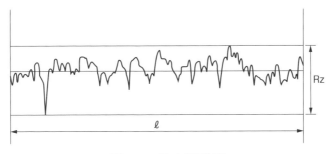

圖3-7　最大粗糙度

Rz的值依基準長度的取法、測量點的不同，如果剛好沒量到最高波峰或最深波谷時，量測出來的數值就會有非常大的差異。例如在鑄件表面加工，即使已經加工得很漂亮，若碰巧量測到有「氣孔」的地方，量測出的數據就會不好，會比其他地方測出10倍以上不佳的數據。

客戶要求Rz時，務必在所要求的表面多量測幾個點，確認是否完全滿足客戶所要求的數值。

JIS B 0601：1994以前的JIS，最大粗糙度是以Ry表示，Rz是代表十點平均粗糙度，雖然數值大多一致，但因邏輯完全不同，最好確認清楚圖面繪製的日期以及設計人員採用的JIS版本。

<Ra：平均粗糙度>

Ra一般多被稱做平均粗糙度，精確來說，是指當輪廓曲線為粗糙度曲線時的「算術平均粗糙度」，將下方**圖3-8**中塗滿處的面積除以基準長度即為平均高度。Ra與Rz不同的是，其數值很少會因為量測某個波峰而有很大的變動。Ra大約是Rz的1／4，如同**圖3-9**那樣完美的三角形。

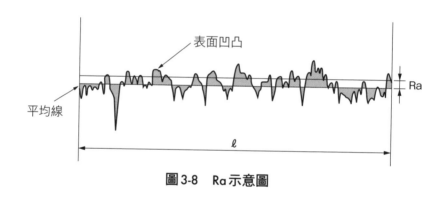

圖3-8　Ra示意圖

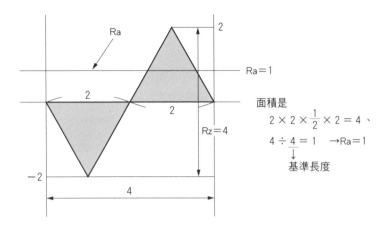

面積是

$$2 \times 2 \times \frac{1}{2} \times 2 = 4 、$$

$$4 \div \underline{4} = 1 \quad \rightarrow \text{Ra}=1$$
$$\quad\quad \downarrow$$
$$\quad \text{基準長度}$$

圖3-9　三角波的Ra

　　舉例來說，在偶有大高峰的表面Ra會比Rz小許多，相反地，如果是平順的正弦波表面Ra會比Rz大1／4。隨意測量某處就判斷是4倍或1／4的方法並不好，近年的表面粗糙度儀幾乎兩種數值都可測量到，希望大家能觀察不同表面不同處的數值變化。

<與舊標準的對應>

　　表面粗糙度以往是以三角記號（▽）的數量來表示。之後以類似1.6a、1.6S的數字和記號表示。隨著JIS的改版，Ra、Rz的使用方法也有部分變動。三角記號也有代表加工方法的意義，要概略表示表面粗糙度時也容易理解。

～　　　　：依原素材（不需加工）

▽　　　　：粗機械加工

▽▽　　　：普通機械加工

▽▽▽　　：良好機械加工～研磨加工

▽▽▽▽：細研磨加工～超精加工、鏡面研磨加工

標示方法如上所示。不過因為不是固定值，從品質管理面來看還是必

須找出絕對值，嚴格來說，▽記號與表面粗糙度的數值（Ra、Rz）雖無對應，但還是有一般標準表如下可供參考（**表3-9**）。

表3-9　表面粗糙度對應表

最大粗糙度（Rz）	平均粗糙度（Ra）	三角記號
0.1S	0.025a	▽▽▽▽
0.2S	0.05a	
0.4S	0.10a	
0.8S	0.20a	
1.6S	0.40a	▽▽▽
3.2S	0.80a	
6.3S	1.6a	
12.5S	3.2a	▽▽
25S	6.3a	
50S	12.5a	▽
100S	25a	

※以往是以最大粗糙度後面加S、平均粗糙度後面加a來表示。
※1994年以前的JIS是以Ry表示最大粗糙度。

3.8 材料規格

　　關於材料的標準，在 JIS 中鋼鐵材料是記載於 G、非鐵材料記載於 H。前面提到的圖面所規定的材料，最好事先查好是對應到 JIS 哪個項目以及有哪些規範。

<鋼鐵材料>

　　例如，鋼材的部分

JIS G 1 ○○○：鋼的種類、粗鋼、鋼片
　　→純鐵、碳素鋼、合金鋼等
JIS G 2 ○○○：鋼材（形狀別、製造法別）
　　→棒鋼、圓鋼、線鋼、H型鋼等
JIS G 3 ○○○：鋼材（用途別）
　　→收縮用鋼板、配管用鋼管、鋼琴線等
JIS G 4 ○○○：鋼材（熱處理用鋼、特殊用途鋼）
　　→機械構造用碳素鋼鋼材、不鏽鋼、耐熱鋼等
JIS G 5 ○○○：材質及其他項目的品質
　　→機械特性、脆性、韌性、抗潛變性等

　　以上的標準編號皆規範於 G0203。而精密切削加工的圖面上最常見到的是 G4000 系列，焠火性良好的鉻鉬鋼、飛機零件中常見的不鏽鋼等材料歸屬其中。挑選出常見材料並製表如**表 3-10** 供大家參考。這些標準記載了鋼材的規格尺寸、成分、特性等項目，圖面上看到表的記號後面出現沒看過的數字時，最好參照對應的 JIS 標準。

表3-10　JIS鋼材

標準編號	規格名	記號	公稱或產品名
G4051	機械構造用碳素鋼鋼材	S45C	碳素鋼
G4105	鉻鉬鋼鋼材	SCM	鉻鉬鋼
G4303	不鏽鋼棒	SUS	不鏽鋼棒
G4304	熱軋不鏽鋼板及鋼帶	SUS	不鏽鋼板
G4305	冷軋不鏽鋼板及鋼帶	SUS	不鏽鋼板
G4308	不鏽鋼線材	SUS	不鏽鋼線
G4311	耐熱鋼板	SUH	耐熱鋼
G4312	耐熱鋼板	SUH、SUS	耐熱鋼
G4313	彈簧用不鏽鋼帶	SUS-CSP	彈簧用不鏽鋼
G4314	彈簧用不鏽鋼線	SUS-WPA	彈簧用不鏽鋼
G4318	冷加工不銹鋼棒	SUS	不銹鋼棒
G4401	碳素工具鋼鋼材	SK	工具鋼
G4403	高速工具鋼鋼材	SKH	高速鋼
G4404	合金工具鋼鋼材	SKS、SKD	模具鋼（SKD）
G4804	硫磺及硫磺複合易切削鋼鋼材	SUM	SUM材、易切削鋼
G4805	高速鉻軸承鋼鋼材	SUJ	軸承鋼
G4901	耐腐蝕耐熱超合金棒	NCF	Inconel等
G4902	耐腐蝕耐熱超合金板	NCF	Inconel等

<非鐵材料>

　　非鐵材料常見的有銅合金、鋁合金、鈦合金、以及鎂、鎳等，JIS是以H開頭的標準標號規範這類非鐵金屬。

　　請大家看一下表3-11，A後面加上4個數字或C後面加上4個數字，十之八九是合金，分別是鋁合金和銅合金。如果不是常見的4位數字最好查找一下對應的JIS標準，會有成分、機械特性等詳細定義，不過也需要

留意其中也會有幾乎沒在使用的材料。加工人員若是能仔細確認成分、機械特性，並從常用材料中挑選出適用材料推薦給設計人員，肯定會被另眼相看。

表3-11　JIS非鐵材料

標準編號	規格名	記號	金屬
H3100	銅及銅合金板、條	C	C1020（無氧銅） C3560（易切削黃銅）
H3110	磷青銅及鎳銀板、條	C	C5191（磷青銅）
H3250	銅及銅合金棒	C	C1100（勒煉銅、紅銅） C3640（易切削黃銅）
H4000	鋁及鋁合金板、條	A	A2017P※（杜拉鋁、鋁銅合金） A5052P※（鋁鎂合金）
H4040	鋁及鋁合金棒、條	A	A2017BD※ A5052BD
H4100	鋁及鋁合金的擠壓材	A	A6063S※（鋁鎂矽合金） A7075S（鋁鎂鋅銅合金）
H4201	鎂及鎂合金板、條	MP	MP1B
H4203	鎂合金板棒	MB	MP1B
H4551	鎳及鎳合金板、條	NW	NW2200（常碳素鎳板）
H4553	鎳及鎳合金棒	NW	NW4400（銅合金棒）
H4600	鈦及鈦合金板、條	TP（板）／TR（條）	TP340（純鈦2種板）
H4650	鈦及鈦合金─棒	TB	TP340（純鈦2種棒）

※編按：P指「板」，BD指「圓棒」，S指「擠型條」。

4章

精度仰賴量測

接著來談量測。也許已有讀者開始不耐煩地想問為何還不介紹實際的加工，但在精密加工中，量測與加工為一體，是否能達到精度與是否可量測有很大的關係，量測占有相當重要的地位。

實務上，檢視客戶的圖面確認公差嚴格的尺寸時，首先必須一併考量「是否能製作」與「是否能量測」。尤其在「精密切削加工」的領域，即使是軸件的外徑量測，如果認為用分厘卡測量一個地方就算合格一定會有問題。圖面上還有很多不可漏看的項目，像是各式各樣的幾何公差、不易量測處的表面粗糙度記號等。

本章將以幾個代表形狀，依序說明尺寸、幾何公差、表面粗糙度的測量方法。

4.1 尺寸

4.1.1 軸件外徑

測量軸件外徑這件事本身是比較簡單的,一般精度要求低時(0.1mm左右)會用游標卡尺,如果要更精密會使用分厘卡來測量(**圖4-1**、**2**)。

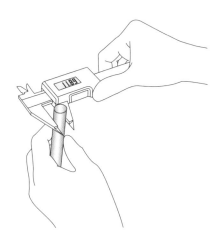

圖4-1　以游標卡尺測量軸件

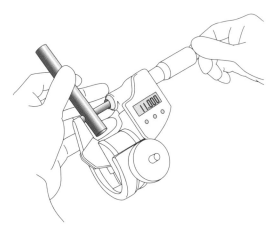

圖4-2　以分厘卡測量軸件

游標卡尺種類繁多，依廠牌、規格而有所不同，精度好的大概是以0.05mm[※]為一單位，數位游標卡尺雖可顯示到0.01mm，但因個體差異（儀器差異）會有 ±0.02、重覆精度有 ±0.01的誤差，甚至還會因夾取力道導致歪斜等因素的影響，要測到0.01mm是不太可能的。

此外測量外徑這件事本身雖沒有問題，但如果要嚴格檢視加工後的形狀，所有地方的測量結果完全一致是不可能的。仔細想想也理應如此，世界上本來就不存在完美的圓、完美的方形、完美的平面、完美的直線等，接近完美的理想形狀是不存在的，而且要測量到多接近也是一個問題。即使圓柱看起來是圓柱的形狀，只要仔細測量也會量測到橢圓形、飯糰形、錐形、太鼓形狀這些不完美的形狀（**圖4-3**）。

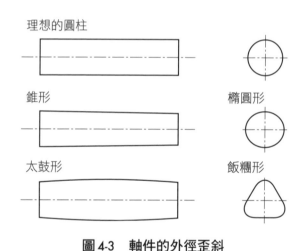

理想的圓柱

錐形　　　　　　　　　　橢圓形

太鼓形　　　　　　　　　飯糰形

圖4-3　軸件的外徑歪斜

因此，尺寸會被判定不良，往往和檢查時只量測一個地方就判定合格有關。要量測軸件細部的形狀，雖可使用真圓度檢測儀（後面的章節會再介紹）描摹，但因單價高，購入的廠商並不多，此外量測步驟繁雜，不適合全數檢驗。而分厘卡可以量測多處，可以概略量出產品形狀，像是圖面

※編按：目前普遍使用精度為0.02mm。

規範尺寸為 $\phi 10 \, ^{+0.05}_{0}$ 的軸件，量測數處的結果是在 $\phi 10.02 \sim \phi 10.03$ 之間，從公差來看並無太大落差故可判斷合格。但如果測量結果是在 $\phi 10.01 \sim \phi 10.05$ 之間的落差，因為無法量測所有部位，要注意某些部位超出公差的可能性很高，此時就必須找出導致歪斜或產生錐度的原因，並重新修正加工。

4.1.2 孔的直徑

量測孔的內徑要比外徑難，精度要求低時可用游標卡尺測量，游標卡尺內側量爪（**圖 4-4**）的量測方法較難，不同的人量測出的結果差異會很大，同時也會因為在現場使用若掉落地面會不慎變形，因而無法量測出精確結果。因此，量測前必須檢驗量規、分厘卡（測微器）等儀器的功能是否正常（參照「4.4 量測儀器的校驗」）。

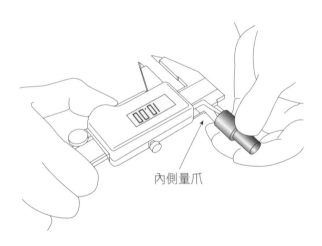

內側量爪

圖 4-4　游標卡尺的內側量爪

如果嚴謹地測量孔徑，不難發現不同處會有橢圓、錐度等不同的數值，如同前面所提到的軸件，使用真圓度測量儀較能正確地測量出詳細的形狀。只不過因為測量步驟和軸件一樣繁雜，所以可用內徑分厘卡測量多處，掌握形狀（**圖 4-5、6**）。用於偏差公差要求非常小的地方也沒有問題。

圖4-5　三點式內徑分厘卡

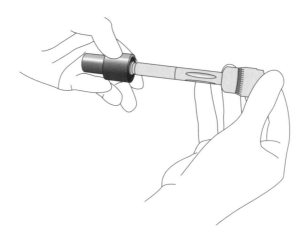

圖4-6　以三點式內徑分厘卡測量軸件

　　在實際的量產加工過程中，通常會使用三點式內徑分厘卡檢查確認好幾處孔的形狀，掌握趨向，然後再使用塞規（**圖4-7、8**）測量。

圖4-7　塞規

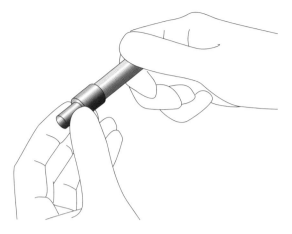

圖4-8　以塞規量測孔徑

　　塞規是可確保外徑精度的柱狀量具，其材質有高速鋼、硬質合金或陶瓷，例如測量 $\phi 10^{+0.05}_{0}$ 的孔徑時，如果能通過 $\phi 10.01$ 的塞規卻無法通過 $\phi 10.04$ 的塞規，表示該孔尺寸絕對在公差範圍內。一般會稱「通端」、「止端」，例如上面的例子「10.01稱通端，10.04稱止端」。

　　用塞規量測因為簡單且量測時間少，故效率佳。實際用於精度要求高的孔徑測量時，軸件幾乎都會通過塞規，因此測量狀態會接近實際使用的情形。不過依孔徑大小的不同，必須先備好對應的塞規。以筆者來說，$\phi 0.5 \sim \phi 15$ 的塞規，刻度每0.01就備有1支，數量總共就將近有1500支，因為使用頻率非常高，所以最好備齊一定程度的數量。尤其孔徑小時，內徑分厘卡大多無法深入量測，只能用塞規檢測。同時，也常發生需要測量0.01單位以下的情形，此時就會製作0.001範圍的塞規，而要備齊0.001刻度的塞規就需要10倍的支數，對中小企業來說並不是有效率的事。另外像是H7之類常見的配合公差的孔徑，也會有H7的通端、止端塞規。將這些常用孔徑的塞規先準備起來會相當方便。

　　使用塞規檢測時，要不時留意以下兩點：

〈磨耗〉

　　使用塞規的同時，也一點一滴地磨耗中，量測前請確認塞規本身的外徑，尤其是前端的磨耗會特別嚴重。一定範圍內的磨耗只要可以正確地量測到尺寸就沒有問題，但最好適時地更換成新品，或是將其再研磨後當做降一個單位的塞規使用。

〈兩端都要量測〉

　　用在盲孔雖然行不通，但如果是通孔，請務必用止端塞規量測孔的入口與出口兩端。很多異常情形往往是通端塞規可貫穿，但使用止端塞規只確認入口處尺寸，結果未檢測到出口處尺寸過大超過公差範圍。其他還有多種測量孔徑的方法，以 ϕ 15以下左右的孔來說，基本要求是確認孔是否充分符合所規範的形狀之後，再以塞規量測會較為實際。

4.1.3 面與面之間的寬度

　　面與面之間的寬度與軸件的外徑一樣容易測量，用游標卡尺、分厘卡（圖4-9）之類的工具伸入測量即可。

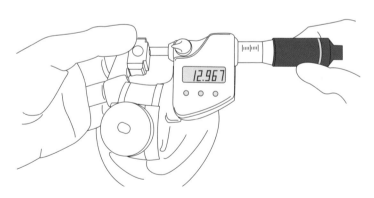

圖4-9　以分厘卡測量寬度

不過，要精準地測量寬度時，與軸件一樣需要留意，例如即使仔細地在平面磨床上加工過，以微米或次微米為單位量測時，平行度不會剛好為零，一定多多少少會有落差（**圖4-10**）。也就是說隨著測量處的不同，寬度也會不同。不過有時也會因加工方法的關係，導致尺寸落在分厘卡量測不到的範圍內，只要比公差規範的精度高就沒問題。如同軸件，也需要以分厘卡量測數處，抓出其數值範圍。

此外也會有無法單以分厘卡夾持量測的情形，此時就需要配合形狀使用各種方法，像是利用數位量表或三次元量測儀。

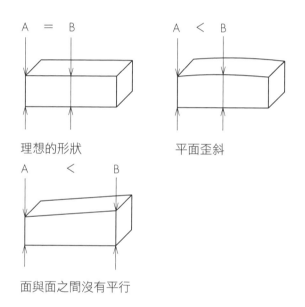

圖4-10　面寬度的歪斜

4.1.4 溝槽寬度

溝槽寬度的測量難度很高，例如**圖4-11**左邊的外溝槽如果是要放入O型環的溝槽，使用量測用顯微鏡、投影機等儀器由側面進行影像量測，會比較容易測量，而右邊的內溝槽就無法以此方法測量。

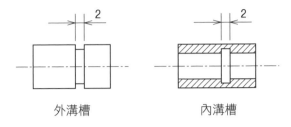

外溝槽　　　　　　　　　　內溝槽

圖 4-11　外溝槽與內溝槽

　　此時便輪到溝槽分厘卡（**圖 4-12**）出場。溝槽分厘卡在軸上有兩處環狀突出的地方，藉由擴大此兩個突出處便可測量內溝槽寬度（**圖 4-13**）。儀器的量測精度很高，但如果不習慣其量測方法會覺得很難使用。此外很多時候因為看不到要測量的地方，會擔心量測出的結果是否正確。技巧就是將產品置於Ｖ型枕上，讓溝槽分厘卡的軸身可確實固定於管壁，就能非常輕鬆地量測。

圖 4-12　溝槽分厘卡（取自日本 Mitutoyo 公司網站上的目錄）

圖 4-13　使用溝槽分厘卡量測

另一個測量難度高的原因是溝槽底部有時會有R角（**圖4-14**），此時就會不確定是否要將儀器伸到R角處，或是只量測到平面的部分。前者的方法因較費工夫，大多會被排除。此外如同前面所提到的面與面之間的寬度量測，要先有測量的地方不同，結果也會不同的概念。

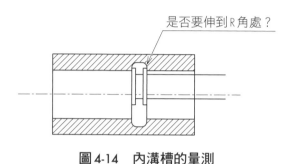

是否要伸到R角處？

圖 4-14　內溝槽的量測

4.1.5 全長

　　全長在某種意義上也有面的寬度的意思，這裡請大家想像一下要測量如**圖4-15**的軸件全長。通常細又長（超出分厘卡的尺寸）且公差要求嚴格的產品特別難測量。就量測儀器的性質來說，高精密的儀器在測量單一方向的長度時精度非常好，但如果想測量細長的軸件，要完全貼合於直角上就會有困難。

$\phi 4$　$\phi 2$　　　300±0.005

圖 4-15　測量全長

如圖 4-16 製作一個有 V 溝的治具，在確保是直角的狀態下測量時，超過 300mm 的工件也可量測出數 μm 的誤差。但需要注意的是，隨著溫度變化，工件愈長變形會愈大，細節可參照「4.5 溫度環境」章節。

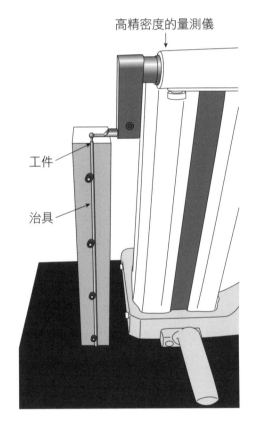

圖 4-16　使用治具固定工件，以高精密度量測儀測量全長

4.1.6 高低差（階段差）

雖稱做高低差，但其實也是平行的面與面之間的距離，只不過不同點在於不能以夾取的方式量測。

使用游標卡尺也能量測高低差，利用尾端的深度尺（圖4-17（A））以及前端內側（圖4-17（B））的地方即可量測。不知道（B）也可使用的人出乎意料地多。

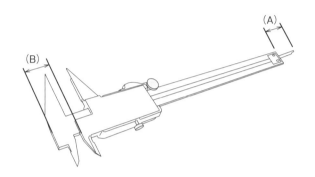

圖4-17　游標卡尺的高低差測定處

深度尺的量測姿勢很容易不穩，比較適合量測精度要求低的孔深，如果需要量測的地方使用B方法即可，建議就用B方法。只不過以前述方法量測，游標卡尺的誤差大，最好以0.1mm左右為限。

要量測有精度要求的高低差時，大多會使用數位量表。雖然原本只能單純測量軸件某一方向的尺寸值，搭配精密定盤可以有各式各樣的使用方法。數位量表是先將其中一面當基準面測量，設定該處為零，就可將另一面測量到的數值與該處比較（圖4-18）。

圖 4-18　數位量表

　　裝於數位量表前端的探針,其種類五花八門,很多加工業者會自行製作量測效率好的探針,如果零件的形狀屬於無法順利置於定盤的形狀,也可以製作如**圖** 4-19 所示的治具。

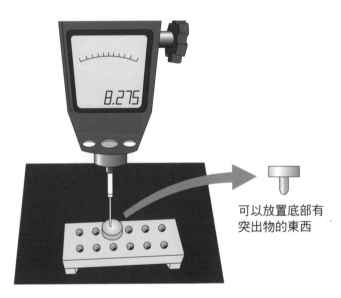

可以放置底部有
突出物的東西

圖 4-19　數位量表的治具

另外也有使用測微器型深度計（深度計）的方法（**圖 4-20、21**）。雖然可以量測數位量表無法量測的地方，但測量方法困難，不同操作者量測出的數據可能會有很大的落差。另外也會因為量到孔底部的 R 角導致有誤差。

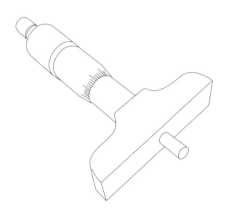

圖 4-20　測微器型深度計

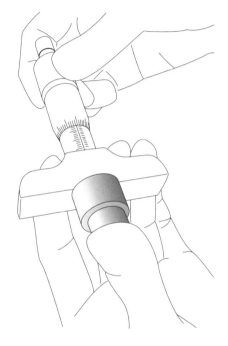

圖 4-21　使用測微器型深度計測量

4.1.7 孔距

孔距量測也是量測困難度高的項目之一。粗略的孔距雖然可用孔距專用的游標卡尺（**圖 4-22、23**）量測，不過測量誤差大，要量到 0.1 左右的公差也有困難。有高低差的孔雖然也可以量測，但量測時要非常小心。

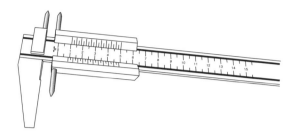

圖4-22　孔距用游標卡尺

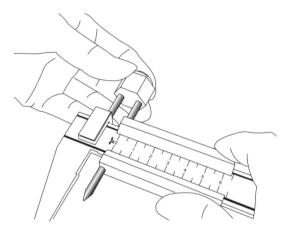

圖4-23　使用孔距用游標卡尺測量

　　要精確量測孔距，建議使用二次元影像量測儀（**圖4-24、25**）。雖然是二次元，但可利用影像處理辨識到孔的中心，同時自動計算出孔中心與孔中心之間的距離，量測時間非常快。依形狀和條件雖會有所不同，但±0.03左右的公差應該都可量測到。

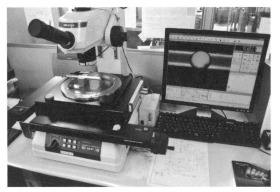

圖4-24　影像量測儀（Mitutoyo）

圖4-25　影像處理畫面（Mitutoyo）

　　用投影機也可以測量孔距，但必須對準角度，並且用目測方式選取中心處，相較之下較費工，同時量測出的精度會因量測者不同而落差大。如果要再更精準地測量，就需使用三次元影像量測儀，其種類繁多，從低價（數百萬日圓）的手持式到高價的（數千萬日圓）樣式都有。與二次元影像量測儀相比，測量步驟較多，量測方式將在後面一章節再稍加詳述。

　　從加工觀點來看，用精度高的中心加工機所加工出的孔，如果加工方法沒有錯誤，孔距可加工到數 μm 的精度。不過實際上往往量測困難，因此有的加工業者會省略量測孔距這一項目。但如果強調是精密加工，最好仍要確實測量。

4.1.8 螺紋

關於螺絲的量測，從精度的角度來看有各式各樣的方式。嚴格來說，參照JIS的螺絲規範，會有五花八門的尺寸、公差需要滿足，而實際上要全部量測幾乎不可能。公螺絲因其螺紋是在外側較易量測，而母螺絲則無法在不破壞產品的情況下量測出所有的尺寸。

因此，加工現場會利用螺紋規（**圖4-26、27**）。螺紋規在JIS裡面被稱做「限界螺紋規（JIS B 0251）」，如同第3章所述需配合螺紋的規格製作。檢查公螺絲會用內螺紋形狀（環規），檢查母螺絲會用外螺紋形狀（塞規），環規和塞規各自都有通端和止端，兩個合起來為一套。

圖4-26　螺紋規（環規）

圖4-27　螺紋規（塞規）

藉由檢測螺紋是否可完全通暢無阻地通過通端螺紋規，以及止端螺紋規是否無法轉入2圈以上，來判斷螺紋合格或不合格。有時會無法判斷螺紋從何處轉起算2圈，這時可從螺紋規停住的地方往回轉，如果螺紋轉了2圈以上就是不合格。然而在判斷是否轉了2圈，感覺微妙遊走在邊緣的螺紋通常會引起爭議，因此最好將判斷標準設定在1圈以內。

此外，僅以螺紋規量測結果就判斷合格與否並不足夠。因為螺紋規無法檢測公螺絲的外徑以及母螺絲的內徑。簡單來說，牙峰非常低的公螺絲如果有效徑符合尺寸公差，以止端螺紋規檢測會被誤當成合格品（**圖4-28**）。

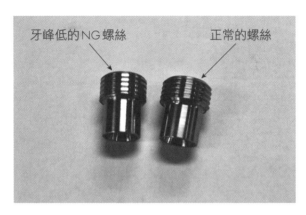

圖 4-28　牙峰明明非常低的螺絲，單以螺紋規檢測會被誤判為 OK

像這樣的螺絲，並無法滿足螺絲所需的強度與機能，以用途來看非常危險。因此螺絲的量測，務必要進行螺紋規加上內徑、外徑的量測，外徑可用分厘卡、內徑可用針規檢測。

如同第3章所述螺絲的規格琳瑯滿目，因此拿到客戶圖面討論交期、報價時，也必須確認螺絲樣式，如果是特殊規格，就需要留意取得螺紋規所需的價格與時間。通常M4粗牙螺絲等的螺紋規都容易取得，但特殊規格的產品，例如UNJF（舊MIL規格）等的螺紋規，很多都需要特別訂製而且製作費時。另外有些客戶會要求將配合螺絲組裝的零件送來檢測，如果螺絲能裝上就算合格，但可以的話這種事最好盡量避免。

這是因為不只是螺絲，其他零件也存在尺寸落差的情形，即使螺絲碰巧能裝進客戶送來的零件裡，但有可能裝到其他零件上就不成功。如果只能以可配合的零件檢測時，製作時最好特別留意規格上規範的細部尺寸公差。

4.2　幾何公差

　　談到「精度」，往往只注意到直徑的尺寸公差一定要在幾 μm 之類的尺寸上的數值，而忽略了幾何公差。此外幾何公差在標註方式、判讀方法、量測方式上有許多困難點，設計人員沒標示幾何公差的圖面也很常見。

　　話雖如此，要做出完全垂直的東西反而困難。其實如果能掌握該產品（有設定尺寸公差）的加工方法，幾何公差自然就會符合要求才是。圖面上沒有標示幾何公差時，一般會使用第 3 章提及的一般幾何公差，不過加工業者幾乎沒有意識到這一點。尤有甚者，雖然確實標示了幾何公差，但因為不了解意義就不量測的例子也有。筆者就曾被工匠等級的專家詢問：「這個幾何公差是什麼意思？」，可見大家對幾何公差的認識並不深。

　　沒有標示幾何公差，就有可能發生量測出的尺寸正確但形狀歪斜的情形。若說得誇張一點，像圖 4-29 的圓筒圖面如果沒有標示幾何公差，即使端面已傾斜，在一般公差範圍內還是會被判定成合格。

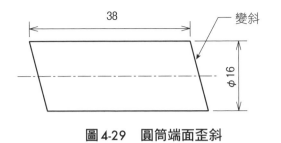

図4-29　圓筒端面歪斜

即使是未嚴格要求形狀的圓筒，還是需如**圖**4-30般標示圓柱度、直角度、平面度。

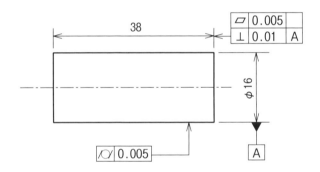

図4-30　於圓筒上標示幾何公差

所有形狀都標示幾何公差會導致圖面的尺寸標示凌亂，所以優秀的設計人員會只挑重要處標註。如果連不必要的地方也標註幾何公差，這些地方都測量就會無端浪費了金錢，客戶要求降低成本時，不妨可從此點著手。

幾何公差的一覽表如**表**4-1所示，雖然項目不多，但也會擔心是否能全部記住，建議由實際加工時會遇到的項目開始記起。

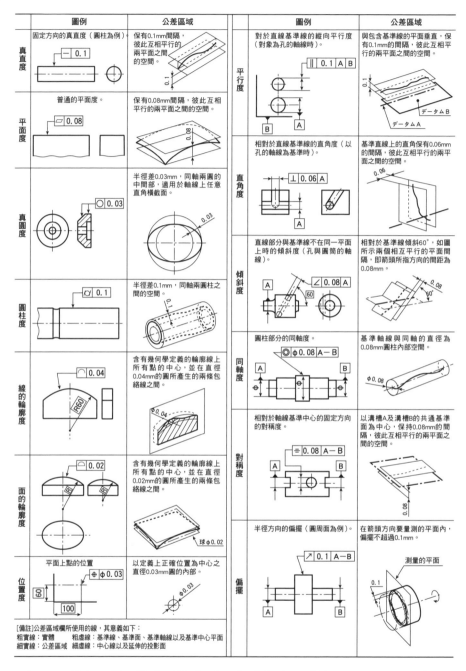

[備註]公差區域欄所使用的線，其意義如下：
粗實線：實體　　粗虛線：基準線、基準面、基準軸線以及基準中心平面
細實線：公差區域　細虛線：中心線以及延伸的投影面

表 4-1　幾何公差一覽表（摘自《JIS標準制度法（第13全新修訂版）》，理工學社出版）

接下來，將介紹幾何公差的實際量測方法。說明的順序與一覽表不同，會從使用頻率高的幾何公差中較容易說明的開始介紹。另外，因為三次元量測儀能量測幾乎所有的幾何公差，所以各幾何公差使用三次元量測儀的量測方法會彙整於最後再做說明。

4.2.1 平面度 $\square$

平面度如同字面上所敘述的，指的是平面有多平。需要測量平面的時機非常多，尤其加工板材時會常看到這個記號，雖然一般是用之後將提到的三次元量測儀測量，如果是小零件用定盤和量表會比較容易量測（圖4-31）。

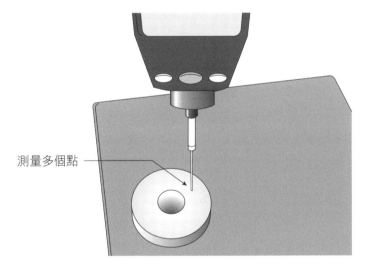

測量多個點

圖 4-31 以量表測量平面度

此時應留意平面本身有無傾斜，塊狀的零件如果上面與下面沒有平行，即使有平面度數值上也會有差異，就必須要切開。此外如果有局部突起的點，也不會有平面度，必須仔細觀看加工面留意是否有前述情形。如果有某處使用不同的加工方法，三次元測量儀可以再細分出平面度和平行

度測量，非常便利。如果是要測量連三次元測量儀也無法測量的亞微米的平面度，可以使用光學平板量測（JIS B 7430）（**圖4-32**）。量測方法是將工件放在依照平面度制定等級的玻璃平面上，再測量光的干涉條紋，計算出平面度。算式等相關資料記載於 JIS B 7430，讀者可逕行參照。

圖4-32　光學平板（Mitutoyo 提供）

另外，光學平行平面鏡（JIS B 7431）（**圖4-33**）因為雙面皆有規範平行度，可用分厘卡量測面與面之間的平行度與平面度。

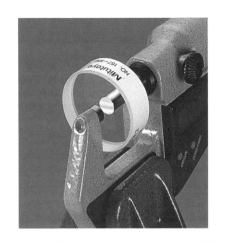

圖4-33　光學平行平面鏡（Mitutoyo提供）

　　此外，針對需要高平面度的大平面，可使用水平儀量測。使用方法是盡可能地將平面置於與重力方向垂直的平面，以水平儀量測兩點間的最高點，再將其研磨去除。藉由不斷地重覆此動作，可使定盤表面的平面度達到數 μm（**圖4-34、35**）。不過頗有意思的是，目前要製造出精度最高的平面還是得仰賴人工作業。而之後量測平面的平面度、直角度時，如果未先精準量測做為量測基準面的平面度，就無法有正確的量測結果。

圖4-34　以水平儀量測（大菱計器製作所提供）

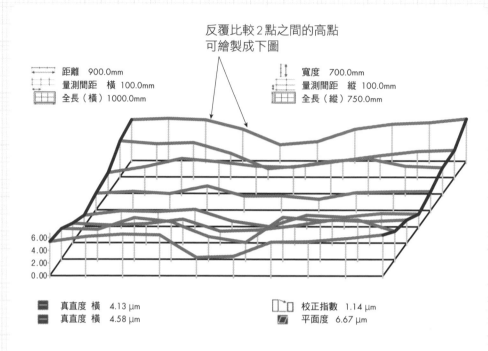

反覆比較2點之間的高點
可繪製成下圖

距離　900.0mm
量測間距　橫 100.0mm
全長（橫）1000.0mm

寬度　700.0mm
量測間距　縱 100.0mm
全長（縱）750.0mm

6.00
4.00
2.00
0.00

真直度　橫　4.13 µm
真直度　橫　4.58 µm

校正指數　1.14 µm
平面度　6.67 µm

圖4-35　量測結果（大菱計器製作所提供）

4.2.2 平行度 //

　　平行度簡單來說，也有線與線、面與線、面與面、孔與面、軸與軸等
多種項目，項目不同量測的方法也有相當大的不同，其中最常出現的應該
就是面與面的平行度。首先，必須先確認做為基準的平面度是否會小於期
望的平行度太多。所謂基準，是被定義為「為決定形體的姿勢偏差、位置
偏差、偏擺等設定理論正確的幾何學基準」，也就是稱為基準面、基準線
之類的基準。如果要用來做為基準的測量面的平面度不好，就會無法測量
其他東西，對於任何類型的幾何公差都是一樣的道理。要做為基準的平面
如果是可以放在定盤上的形狀，可將其置於定盤，藉由指示量錶做多點量
測，確認是否符合所要求的平行度。

如果基準是無法置於定盤上的形狀，可用分厘卡在2平面做多點量測，取其厚度差與所需平行度比較。不過，以此方法並不能嚴密地量測出平行度，如果量測出的結果明顯比所要求的平行度小時，必須在檢查方法明確的情況下才能判定合格，因為此時量測出的絕對尺寸並不正確。此外，旋轉體端面之間的平行度，也可用真圓度量測儀量測，如同**圖4-36**般測量上下面，藉由參照**圖4-37**詳細的形狀可求出比較正確的平面度。

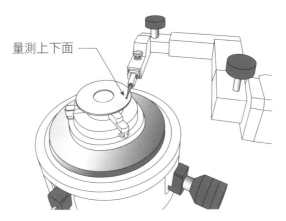

量測上下面

圖4-36　以真圓度儀量測平行度

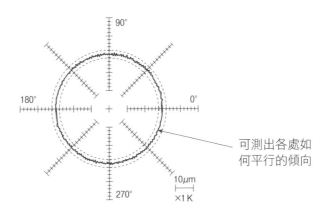

90°

180°　　　　　　0°

270°

10μm
×1K

可測出各處如
何平行的傾向

圖4-37　平行度量測結果

關於非面與面之間的平行度，雖然使用三次元量測儀很方便，但也可以各自依照實際情形設計輔助量測治具。希望大家可以確實確認所要量測的平行度，是相對於哪個基準面的面，並檢討合適的量測方法。

4.2.3 直角度 ⊥

直角度也是相當常見的幾何公差，其項目有面與面、面與軸，尤其指定法蘭形狀（安裝部）與軸件的直角度的圖面很多。直角度比平行度稍微難量測，使用直角規是較為簡單的方法。直角規（JIS B 7526）（**圖4-38**）是依等級定有直角度之金屬材質的L型標尺。

圖4-38　直角規　（取自大菱計器製作所網站）

要概略測量直角時，只要確認直角位置正確、空隙大約有多少即可。但如果需要量測出精準的直角度，可將直角規與指示量錶、千分錶組合使用，此外也可使用定盤及圓柱直角規（JIS B 7539）（**圖4-39**）。

圖4-39　圓柱直角規（取自城北工範製作所網站）

　　圓柱直角規搭配指示量錶是相當難量測的組合，有一種更輕鬆的方法是使用直角度量測儀測量（**圖4-40**）。操作方式是將直角度量測儀與產品放置在定盤上，藉由上下移動千分錶來量測直角度。此外，使用真圓度量測儀（**圖4-41**）可以很精確地測量到旋轉物的端面以及軸件的直角度。

圖4-40　直角度量測儀（取自大菱計器製作所網站）

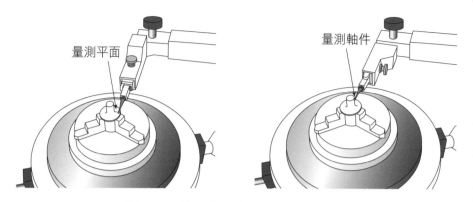

量測平面　　　　　　　　　　　　　量測軸件

圖 4-41　　使用真圓度量測儀量測直角

4.2.4 傾斜度 ∠

　　傾斜度的判別方式雖與直角度相同，90度和非90度的量測難易度卻有戲劇性的差異。首先，完全與直角規角度相符的東西並不存在，因此除非特別製作專用角度規，否則就要使用可顯示數值的量測儀。實際上，如果可投影出二次元的形狀，一般會使用附有影像處理機能的量測顯微鏡；如果無法投影二次元，就會用到三次元量測儀。傾斜度出現在圖面上的頻率雖然非常小，一旦出現請不要忽略它，最好要有使用三次元量測儀量測的心理準備。

4.2.5 真圓度、圓柱度 ○·◯/

　　提到真圓度、圓柱度的量測就輪到真圓度量測儀（JIS B 7451）（**圖 4-42、43**）出場了。除此之外的量測儀器，要縝密精確地量測理想圓的相關資訊（輪廓形狀）有其困難，三次元量測儀雖可量測但缺點很多（詳見之後的「4.2.12 三次元量測儀」）（**圖 4-44、45**）。

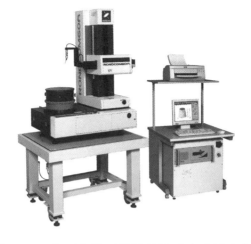

圖4-42　真圓度量測儀的外觀（東京精密）

圖4-43　使用真圓度量測儀量測真圓度

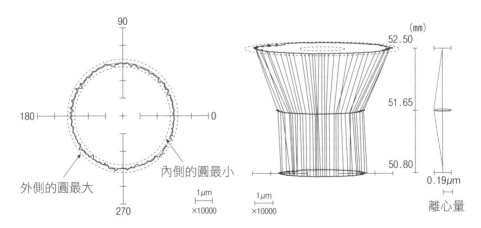

90

180 — 0

270

外側的圓最大

內側的圓最小

1μm
×10000

(mm)
52.50

51.65

50.80

1μm
×10000

0.19μm

離心量

圖4-44　真圓度量測儀的量測結果　　　圖4-45　圓柱度的量測結果

量測圓柱度，會利用附加於真圓度量測儀上可精密移動的探針。實際上近年多數來真圓度量測儀都有附加量測圓柱度的機能，藉由使用此機能，圓柱度的量測相對的就能變得比較簡單。不過，這樣的量測儀器價格昂貴，很多都超過1千萬日圓，這也是為什麼即使有標圓柱度實際上卻不量測的原因之一。

　　圖面上指示5μm以下的真圓度沒有方法可量測，超過5μm則有雖不精密但可確認的方法。如果是外徑，可用分厘卡藉由多點量測觀察其分布，內徑則是用內徑分厘卡以同樣方法量測。但如果軸件或孔是三角飯糰形狀，需要留意此方法很有可能會被誤判成真圓。

4.2.6 同心度、同軸度 ◎

　　關於同心度、同軸度，前述的真圓度量測儀多數都附有相關量測機能，利用該機能可較輕鬆地檢測，同心度也可用二次元量測（量測顯微鏡（**圖4-46**）、投影機），10μm以下的量測會較為嚴謹。同軸度無法使用二次元量測，使用三次元量測多少會比二次元量測精準，但仍然是使用真圓度量測儀測量會較為精密。

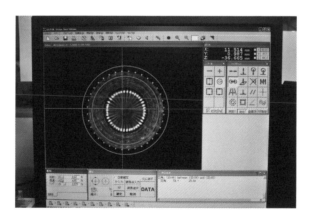

圖 4-46　量測同心度時的量測顯微鏡畫面

同心度與同軸度的差異在於，前者是同一平面上兩圓中心的位置差，後者是軸與軸，或者是軸與孔中心線之間的位置差。實際上同軸度對於產品的必要性非常高，但卻相當難量測，大多是幾何公差的部分會令人頭痛（圖4-47）。

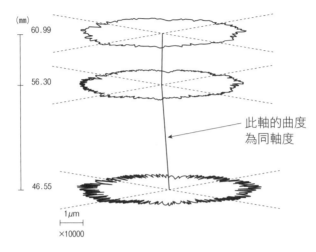

圖 4-47　同軸度量測結果圖表

4.2.7 圓偏擺、全偏擺 ↗

圓偏擺與全偏擺的量測方法非常容易理解，將偏擺量測儀置於產品上，於旋轉時，以指示量錶、槓桿式量錶、電子分厘卡等儀器來量測所產生的偏擺（圖4-48）。

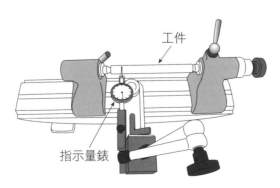

圖 4-48　圓偏擺

83

圓偏擺的量測不會往軸方向移動，而全偏擺則是測量指定圓柱面的所有部位，在意義上與前述的同心度、同軸度類似，但偏擺、全偏擺因為量測的是相對於基準軸的距離，若與軸心偏離，此部分的數值就會變差。中心加工之後再以該中心為基準並施以圓筒研磨，這樣雖然不會有問題，但加工外徑之後不得已要再加工中心時，必須注意精度有可能會變得更差。僅以切削方式加工時，要同時加工兩側的中心會很困難，圓偏擺的精度要求在數μm時，一開始製程就考慮以圓筒研磨為前提會較為安全。

4.2.8 真直度 －

　　真直度如同字面上的意思，就是測量有多直。雖然單純，但要量得精準卻不簡單。機械加工的零件需要量測真直度的頻率相當地少，一旦要量測真直度時，因為工具機的平台必須筆直地移動，必要的傳動導軌中的滑軌要做得多直等要求，就會需要相當高的精度。因此會需要使用水平儀（圖4-49）或自動校直儀（圖4-50）量測。

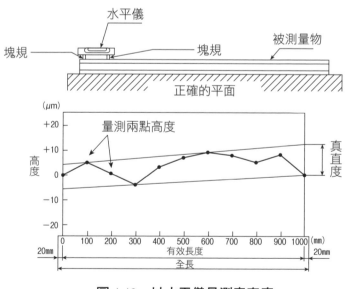

圖4-49　以水平儀量測真直度

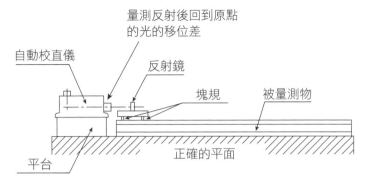

圖 4-50　以自動校直儀量測真直度

　　除此之外，也可以使用之後會提到的三次元量測儀，或槓桿式量錶這些能確保精度的工具來測量。

4.2.9 線的輪廓度、面的輪廓度 ⌒ · ⌒

　　所謂輪廓度，指的是相對於理論上的正確形狀有多少偏差，有二次元的線輪廓度與三次元的面輪廓度。此外也會分成各自評估輪廓本身的偏差，以及考慮與基準面的位置關係共兩種情形。如果是圓或圓弧以及各個旋轉物體，可用真圓度量測儀量測；如果是可以投影到平面的物體，可使用附有影像處理機能的量測顯微鏡等儀器測量；此外也有可偵測出精度極佳、輪廓細微的輪廓形狀量測儀（**圖 4-51**）。

圖 4-51　輪廓形狀量測儀（東京精密提供）

此儀器在後面量測表面粗糙度的章節也會出現，在量測鏡面之類的物體、亞微米形狀的輪廓度時，相當熱門。

但是輪廓形狀量測儀因為有物理上無法使用的情形，使用三次元量測儀應用範圍會較廣。近年來，能直接比較三次元 CAD 數據及量測數據的軟體開始普及，也能在短時間量測出輪廓度複雜的自由曲面。

4.2.10 位置度 ⊕

位置度指的是其形狀相對於基準，是否能落在正確位置。舉個簡單的例子來說，如**圖 4-52** 所示，由塊狀物的邊角算起，孔的位置相對於所標示的尺寸偏移，可接受的範圍是多少，實際上正確尺寸的數值會以方框框起。例如，**圖 4-52** 的左右兩種標示方法被使用頻率大致相同，但使用幾何公差的方法時，因表示的是離理想中心位置的偏差容許範圍為 $\phi 0.02$ 的圓，範圍會變得有所不同。但就實際用途來說，情況大多合理。

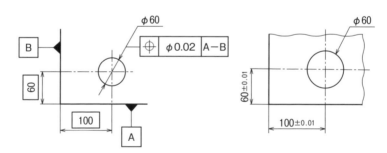

圖 4-52　位置精度標示的比較

現實狀況下多數人會覺得使用位置度標記的圖面很少。

依形狀的不同會有五花八門的量測方法，如果能將目前為止所提的尺寸公差及幾何公差的量測方法搭配使用，可量測的東西就很多，而最能發揮威力的依然是三次元量測儀。

4.2.11 對稱度 $\equiv$

對稱度與位置度相同,同樣是較少出現的幾何公差(**圖4-53**)。而其中也會看到本來必須精準在中心線上的某些形狀,卻無法加上尺寸公差的例子。

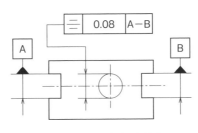

圖4-53 對稱度的範例

也就是說,實際上需要精準地在軸的中心線上鑽孔,因為沒有空位記載尺寸,就無法在此處以尺寸公差表示精度,此時就是對稱度(或位置度)派上用場的時候。測量方法則是可搭配目前為止在書中出現過的幾何公差的量測方法來測量。

4.2.12 三次元量測儀

三次元量測儀幾乎可以量測所有目前為止所介紹的幾何公差（圖4-54）。

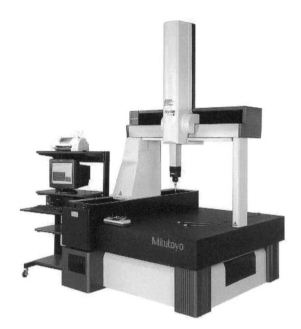

圖 4-54　三次元量測儀

三次元量測儀雖然萬能，但有些應注意的點還是必須事先了解。例如與程式組合使用自動量測時，會出現 0.001 甚至小於此單位的數值，因此常常會被誤認該數值絕對正確。不過量測結果並非都是完美的，如果沒有掌握到產生誤差的理由，很有可能看似正確的量測結果實際上完全沒有意義。三次元量測儀應注意的事項雖然簡單但還是記述如下。

〈量測精度〉

三次元量測儀雖是測量儀器，但因為是機械（其他的儀器也是一樣），量測出的結果不可能完全零誤差。

三次元量測儀的誤差主因有：

①接觸時因感應器的往返、接觸方向而產生的誤差
②探針接觸時變形
③量測儀的XYZ移動軸歪斜、位置精度

針對①的部分，各廠牌都會想辦法提升精度、或補正做各種努力，不過實際上在亞微米等級的情況下還是會有誤差。②的部分，使用細又長的探針時要特別留意，低接觸壓力下也能偵測的探針，變形情況會減少。至於③的部分，誤差會與量測儀的大小成等比例變大。

綜合以上誤差，就三次元量測儀的量測精度標準來說，最大容許標示誤差（JIS B 7440-2：2003）可用

1.5 + 2L / 1000（單位為 μm、L 為量測對象長度，單位為 mm）

來表示（數值為舉例）。舉例來說，要測量長度是300mm的工件時，有可能會發生

1.5 + 2 × 300 / 1000 = 2.1μm

的量測誤差。高級的三次元量測儀誤差少，不同廠商的產品等級繁多，當然因為②引起的探針誤差狀況也有所不同，如果不先確認出探針的容許誤差，也會無法達到想要的標準。

很多人會覺得高級的三次元量測儀精度高，任何東西用它來量測一定沒問題，但實際上也是會發生數 μm 左右的誤差，幾何公差指示為 0.001（1μm）以內時，三次元量測儀也毫無用武之地。例如，鏡頭模具的表面輪廓精度因為在0.001以下，單純的接觸式三次元量測儀會變得毫無作用。不過，在本書涉及的「精密切削加工」範圍內，若能注意量測方法，這個最被廣泛使用幾何公差的量測儀器就不會有問題。

〈量測基準的選取方式〉

　　使用三次元量測儀測量時需要注意量測基準的選取方式，如同前面提到精度時所說明的，三次元量測儀本身有自己的誤差，選取基準時當然也必須將基準的誤差提出來檢視。舉一個過去實際發生的極端例子，**圖 4-55**是在角柱兩端有圓柱、而各圓柱的同軸度為 0.01 的零件。

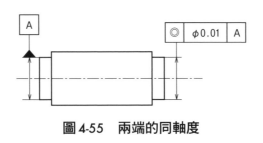

圖 4-55　　兩端的同軸度

　　圓柱其中一邊會被當做基準，但圓柱的長度相當的短，為了要量測這個長度短的圓柱而選取基準軸，會如**圖 4-56**般，基準軸的偏移會隨量測誤差擴大，而變得無法與另一邊的圓柱配合。例如，以三次元量測儀的容許誤差為 1.5 + 2L / 1000 來說，實際上會有 1μm 的量測誤差產生，此誤差在另一邊也會擴大甚至有可能變成數 10 倍。如此一來，量測 0.01（10μm）的幾何公差也會變成完全沒有意義的基準。

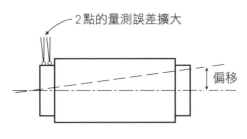

圖 4-56　　基準的偏移擴大

設計者原本的用意應該是將其中一側的圓筒部插入某處時，為了不使另一側的圓柱中心有所偏移，而在圖面加了同軸度，即使在設計上還是有點做不到。雖然就圖面基準來說也是不可取的例子，但這與是否有夠寬的基準面毫無關係，只要取其中某一狹小處做為基準，同樣的情形還是會發生。此外，於加工特性上，很多局部處都會有或凹或凸的情形，在選取基準時也必須注意不要選到這些地方。

〈量測點的選取方式〉

用三次元量測儀也可以用來量測真圓度，但有時候也是會有真圓度量測儀與三次元量測儀的量測結果完全不同的情形（**圖4-57**），這是因為量測方法完全不同的關係。真圓度量測儀可將探針抵住圓周，再旋轉被測量物，即可毫無遺漏地捕捉到輪廓；不過三次元量測儀僅做多點量測，未被選取到的地方會是什麼形狀就無法掌握。

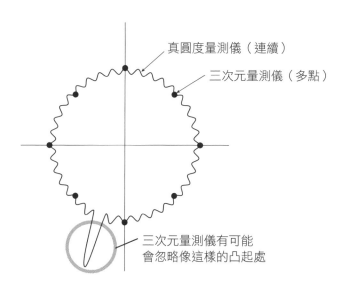

真圓度量測儀（連續）

三次元量測儀（多點）

三次元量測儀有可能
會忽略像這樣的凸起處

圖 4-57　三次元量測儀與真圓度量測儀的量測點

量測點取得愈多，上述的誤差應該就會變少；但相對地增加量測點所花的量測時間也會增加。雖說這很理所當然，但意識到這點非常重要。套用在平面度、直角度等其他未提到的幾何公差，或是僅量測寬度時也是完全相同的道理。

畢竟三次元量測儀的功能，僅是正確地測出接觸點的位置關係，未接觸到的部分有怎樣的變化就無法得知。因此，重要的是針對量測點的選取方式以及精度要求，最好事先理解量測出的尺寸值的變化，存有不確定性的心理準備。

4.3 表面粗糙度

表面粗糙度是使用表面粗度儀（**圖4-58**）量測，其量測方式包羅萬象，在精密切削加工的範圍裡，基本上大多是以針掃描被測量物的表面，量測其凹凸處的大小，其量測的解像力為奈米等級（0.001μm）。

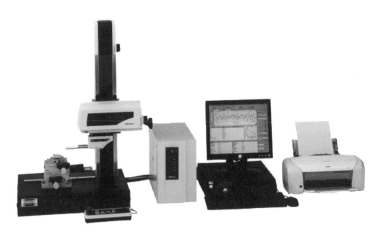

圖 4-58　表面粗度儀

在JIS標準裡是以探針式表面粗度儀的名稱記載於JIS B 0651，針的前端（**圖4-59**）是60度或90度的圓錐，並在其前方有SR（球狀）2μm的標示。這是JIS裡的規範，另外還有其他種類。該儀器的探針會接觸被測量物並予以掃描，追蹤其形狀。當然無法伸入比探針小的凹槽，所以無法完全重現表面形狀。

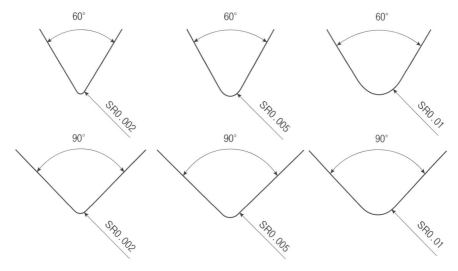

圖4-59　針的前端種類

另外有一種利用光的干涉的粗度儀（JIS B 0652:2002：白光干涉粗度儀），因為此種光學式的表面粗度儀的測量原理完全不同，即使測量相同的物品，量測出的數值可能會有很大的不同。例如，在製造端這邊是用光學式的粗度儀測量鏡面加工品的表面粗糙度，而在客戶端使用的是接觸式粗度儀測量，結果產生了10倍之差。

在精密切削加工的範圍內，使用最常被採用的接觸式粗度儀通常不會有問題，如果碰到像是鏡面研磨、拋光這種需要用到光學儀器之類的領域，因為針對表面粗糙度的要求變得非常地高，此時最好連其他的方法也一併考慮進去。另外即使是接觸式的，也有連形狀也可量測的高機能量測儀（要價從數百萬日圓起），以及量測程度有限的攜帶型粗度儀（數十萬日圓左右）（**圖4-60**）。

93

攜帶型的因為可帶著走，對於測量大型的量測物相當便利，價格親民導入也容易，不過缺點是受限於被量測物的形狀，無法量測溝槽底部的表面粗糙度。同時因為量測方式不同，可量測的粗糙度曲線也有限制。當然也有使用攜帶型表面粗度儀就十分足夠的例子，可配合預算及公司的產品形狀去做選擇。

圖4-60　攜帶型表面粗度儀（Mitutoyo Surftest）

4.4 量測儀器的校正

任何量測，其中最重要的一件事就是量測儀器的校正。如果將儀器量測出的數值照單全收必定會吃虧。例如，很多一開始就發生錯誤的狀況是，照著電子游標卡尺顯示的數值抄寫，但該數值是在未歸零的狀態下量測。不管使用哪一種量測儀器，首先都必須確認該儀器顯示的尺寸是否確實正確。

此程序稱為量測儀器的校正。前述使用電子游標卡尺的狀況，為求量測結果正確，必須先歸零再夾持做為基準的塊規（圖4-61），並確認量測誤差是否可滿足要測量零件所要求的精度。塊規部分若有問題，量測就無法繼續，最好使用確實經過辦理校正服務機關校正過的基準塊規。

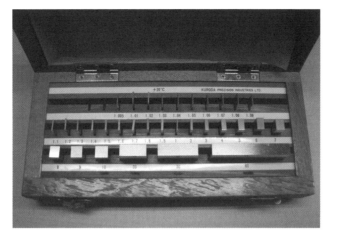

圖 4-61　塊規

　　所有的量測儀器在使用時都會經過以上的作業程序，若對此有所疏忽，很有可能所有製作出的產品都會精度不良。雖然隨著量測儀器的不同，會有各式各樣的校正方式，但各量測儀器的製造商都會有建議的校正方式，可參考量測儀器的說明書、詢問製造商的聯絡窗口、搜尋製造商的網站等，務必將校正連同量測一併考量進去。

　　另外，之後品質管理方式那一章節也會提到，為了可追溯性（追溯能力：能追溯出該產品是在何處何時由誰製造出），藉由事先管理量測儀器、量規類儀器何時校正以及該量測儀器量測了哪個產品，萬一事後發覺量測儀器有異狀時，也可明確得知在哪項產品之後生產出的產品會有品質疑慮，連帶將損害降至最低。

校 正 證 明 書（比較校正）

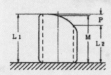

公稱尺寸　　：L_0
中央尺寸　　：$\triangle M$
中央尺寸差　：$M = M - L_0$
最大尺寸　　：L_1
最大尺寸差　：$\triangle L_1 = L_1 - L_0$
最小尺寸　　：L_2
最小尺寸差　：$\triangle L_2 = L_2 - L_0$
尺寸差幅度　：$P = L_1 - L_2 = \triangle L_1 - \triangle L_2$

・標準溫度：20℃　　・熱膨脹係數：$(11.5 \pm 1) \times 10^{-6}$／℃（熱膨脹係數非實測值）

單位：μm

公稱尺寸 （mm）	產品編號	中央尺寸差 $\triangle M$	最大尺寸差 $\triangle L_1$	最小尺寸差 $\triangle L_2$	尺寸差值 P
1.005	84488	+0.03	+0.03	−0.07	0.10
1.01	84486	+0.15	+0.15	+0.08	0.07
1.02	84523	+0.10	+0.10	0	0.10
1.03	84484	+0.11	+0.11	+0.07	0.04
1.04	84461	+0.12	+0.12	+0.05	0.07
1.05	84475	+0.05	+0.05	−0.02	0.07
1.06	84499	+0.10	+0.10	+0.07	0.03
1.07	84474	+0.04	+0.04	0	0.04
1.08	84382	+0.12	+0.12	+0.07	0.05
1.09	84454	+0.10	+0.10	+0.06	0.04
1.1	84500	+0.14	+0.14	+0.08	0.06
1.2	84511	+0.10	+0.10	+0.05	0.05
1.3	84506	+0.06	+0.06	0	0.06
1.4	84531	+0.12	+0.12	+0.07	0.05
1.5	84569	+0.06	+0.06	+0.02	0.04
1.6	84200	+0.04	+0.04	0	0.04
1.7	84178	+0.08	+0.08	+0.04	0.04
1.8	84216	+0.07	+0.07	+0.04	0.03
1.9	84202	+0.07	+0.07	+0.04	0.03
1	84680	+0.08	+0.08	+0.04	0.04
2	84698	+0.15	+0.15	+0.10	0.05
3	84651	0	0	−0.04	0.04
4	84606	−0.02	−0.02	−0.04	0.02
5	84688	+0.06	+0.06	+0.02	0.04
6	84483	+0.03	+0.03	0	0.03
7	84431	+0.06	+0.06	+0.02	0.04
8	84450	+0.03	+0.03	−0.03	0.06
9	84436	0	0	−0.03	0.03

本校正使用常用參照標準：校正用塊規（管理No.0301）
備註：校正的不確定性（包含係數k=2）
　　　100mm以下：0.08μm
　　　逾100mm未滿500mm：$(0.05 + L/3000)$ μm, L：公稱尺寸（mm）

圖 4-62　塊規的校正表

4.5 溫度環境

量測時必須留意的就是溫度。以一般的鐵合金為例，100mm的產品如果有1°C的溫度變化，就會變形約1μm。用100mm －1°C－1 μm這公式來記會容易理解許多。長度愈長，變化量會隨比例增加，溫度如果變為2倍，尺寸也會有2倍的變化，形成簡單的比例關係。**表4-2**為主要材料（物質）和熱變化的比例（線膨脹率），表示1m的棒材在1°C時會有多少μm的變化量。

世界標準中有針對20°C的尺寸值規範，JIS也遵行此標準，基本上所有的量測都能在20°C的恆溫室下進行是再好不過。不過實際上並非所有的量測現場皆是如此，特別是主張精密作業的現場，也不太可能都在此溫度環境下進行所有的量測。大部分的量測室雖都是恆溫室，但實際上製作現場會隨季節而有溫度變化，加工時也會產生稍許的熱。此外即使特地在恆溫室量測，如果是用手拿分厘卡量測，體溫的傳遞也會發生熱變形。

因此，對於熱變形可憑感覺概算，在數值上能有所掌握即可。例如φ4的不鏽鋼軸件的直徑尺寸公差為 φ20μm，依照前述的邏輯，即使4mm在溫度為25°C的變化下，也會有1μm的尺寸變化，但若是此種程度就不會有問題。反之，全長300mm公差只有10μm時，5°C的溫度變動尺寸就會有15μm的變化，在量測時保有這樣的概念是很重要的。即使量測室常保持恆溫室的狀態，在加工現場時也會依實際溫度變化調整尺寸，剛加工完的工件在還是熱的狀態下，也會有比室溫高出數十度的情形。

第**4**章

精度仰賴量測

97

表 4-2　材料和熱變化的比例（線膨脹率）

物質	線膨脹率
鑽石	1.1
鎢鋼	4.3
碳化矽素	6.6
鉻	6.8
強化玻璃	8.5
鉑	9
不鏽鋼（SUS410）	10.4
碳素鋼	10.8
鈷	12.4
鎳	12.8
鉍	13.3
金	14.3
銅	16.8
不鏽鋼（SUS304）	17.3
黃銅	19
鋁	23
鎂	25.4
冰（0℃）	50.7
水銀	60

（$\times 10^{-6}$/℃）

舉一個實際發生過失敗的例子。有一個內徑公差嚴格的產品，加工後立刻全數以量規檢驗合格通過，但在出貨檢查時卻被判定為不合格。這是因為加工之後的產品，是在溫熱的狀態下勉強通過量規的量測，後來因量測環境的溫度變化使尺寸變小，導致最後無法通過量規檢測。

4.6 關於公差

　　如果每天大量接觸業界的設計人員繪製的圖面，就會了解公差標註的思維方式包羅萬象。「總之精度上有需要，這裡標註一下比較保險」，因為這樣而未考量到加工、量測上的困難度，標註了不符常理的嚴格公差的情形也不在少數。在看到圖面當下就覺得「不可能做出來」的情形很多，但往往也會被告知「一直以來都是這樣加工的」。再進一步詢問會發現，該公差僅是「目標值」，實際上無法量測到那個精準；從品管面來看，也會覺得是模糊地帶難以處理，這些通常發生在要有試作品或模具的零件。

　　相反地，也有試作時不斷失敗、但圖面上個每個公差都有重大意義的圖面。此時，量產時所有零件都會被控管，需要精準地符合公差，民航機的量產零件等產品就是照此標準。舉例來說，即使公差要求0.2的產品，也不允許尺寸在0.2以外的偏差，也就是無論如何都不可超過0.2。換句話說，尺寸公差規定10±0.1時，某個產品的尺寸被測量出是10.08，若判定此產品符合公差屬合格是不被允許的。此時就必須要全數檢查，或是抽檢尺寸變化的情形，確認不在公差範圍內的機率是否極低。

　　基本上，從事精密切削加工者都應將後者視為基本常識，但實際情形多數卻不是如此，因此事先與設計者協調公差代表的意義就非常重要。例如，如果客戶同意「此處的公差超過上限（偏大）也沒關係」，這種無法標在圖面上的規格則必須先確實地記錄於書面，如此也能避免日後有所爭議。此點非常重要。

5章

工程設計是關鍵

　　工程設計，簡單來說就是決定零件要以什麼樣的順序製作。此點極為重要，工程設計的良好與否也將大大左右成本與品質。

　　表 5-1 是產品加工工程的一個簡單例子，實際上如果連背面加工也能設定，用一台綜合加工機就有可能完成所有的加工，也可簡單地以車床和銑床依序加工完成。

　　首先，可先想像要用什麼方法可做出該形狀，再進一步決定如何安排程序以達成精度？如何做才不容易產生毛邊？如何做才能以最快的速度完成量產？諸如此類，必須從各式各樣的觀點來設計加工工程。雖然有的顧客會說，只要能用精度高的機械就能做出精度高的零件。但是即使是用同樣的機械、同樣的工具切削同樣的材料，工序也有無限種類，因此做出的東西也會完全不同。也許一開始會毫無頭緒，不知道要先做哪一個以及該如何做，本章接下來會介紹幾點基本需要考量的地方，可以此為基礎漸漸創造出新的加工工程。

表5-1　加工工程

工程號碼	形狀	加工種類	加工機械	使用工具
1		切斷材料	切斷機	圓盤鋸片
2		外徑	車床 A	外徑車刀
3		孔	車床 A	中心鑽 鑽頭
4		倒角	車床 A	外徑車刀
5		搪孔	車床 B	搪孔車刀
6		倒角	車床 B	外徑車刀
7		孔	銑床	中心鑽 鑽頭
8		銑床	銑床	端銑刀
9	此處	倒角	手工精加工	銼刀
10	此處	倒角	手工精加工	銼刀

5.1 素材的形狀

　　首先介紹素材的形狀。加工用的素材依其材質，粗略地以圖5-1所分類的形式流通。

　　板狀的零件選板材、棒狀的零件選棒材、管狀的零件選管狀材，選擇接近零件形狀的素材來加工雖是常識，不按照此規則的情形也很多。例如，要量產小型的塊狀產品時，會用複合加工機連續切斷棒材；而即使是管狀的產品，使用管狀材會有強度不足的問題無法直接加工，會在裡面填充材料再加工，然後再施行內徑加工。甚至相反的，有些需要高度機械加工的產品，即使外觀是圓柱狀也會使用塊狀物來切削。

　　這就是工程設計的專有技術，很多加工業者會使用出乎意料的加工方式，創造出壓倒性的成本效益。尤其是棒材中有一種無心研磨材，素材本身有做無心研磨，外徑精度非常好，是精密切削加工中易於使用的材料。這也是在瑞士型自動車床中施行高精度加工所必須的材料，素材的優劣與否將大大地影響最終的產品精度。此外，在塊狀材的加工方面，有六面銑削材甚至是六面研磨材，一開始就採購廠商做好的固定尺寸精度好的那一面的素材，也會比較有效率。雖然材料成本會變高，但為了能專注在附加價值高的精密加工，節省切削素材的時間也是重點。

　　JIS標準中有關規格的定義（關於JIS素材形狀可參照第3章的「3.8 材料規格」），也有在市面上並不流通的規格。此外，不太流通的規格交期長而且要價高，使用一般市面上有流通的素材，即使切削量變多仍是比較安全的做法。這部分應該先向材料製造商確認清楚。有的材料商會在公司網站刊載庫存資訊，可事先搜尋。舉個例子，像橫濱伸銅股份有限公司的網站（圖5-2），庫存材料是以材質形狀分類，看起來一目了然。

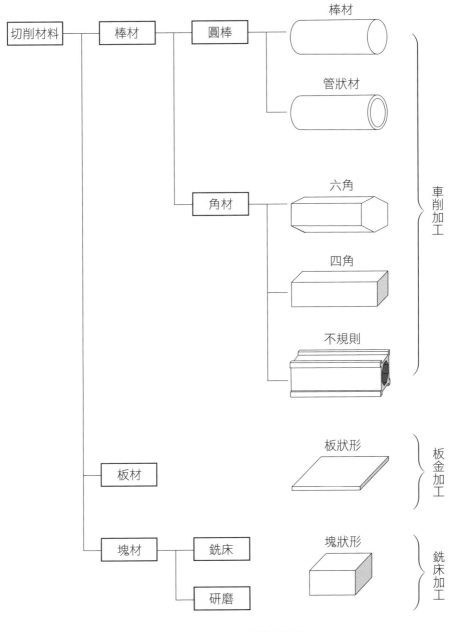

圖5-1 素材形狀樹狀圖

YOKOHAMA SHINDO 橫濱伸銅股份有限公司

首頁　商品資訊　缺文　公司簡介　聯絡我們

不鏽鋼化妝管

不鏽鋼管　不鏽鋼無密封管、鑄鐵

返回商品一覽表

JIS 規格　SUS304
不鏽鋼化妝圓管

外徑	×	肉厚	長度	髮線	#400 研磨
5	×	0.8	4		○
5	×	1	〃		○
6	×	0.8	〃		○
6	×	1	〃		○
7	×	0.8	〃		○
7	×	1	〃		○
8	×	0.8	〃		○
8	×	1	〃	○	○
9	×	0.8	〃		○
9	×	1	〃		○
10	×	0.8	〃		○
10	×	1	〃	○	○
12	×	0.8	〃		○
12	×	1	〃	○	○
13	×	0.8	〃		○
13	×	1	〃	○	○
13	×	1.2	〃	○	○
13	×	1.5	〃	○	○
13.8	×	1.2	〃	○	○
13.8	×	1.5	〃	○	○
14	×	0.8	〃		○
14	×	1	〃		○
15	×	0.8	〃		○
15	×	1	〃		○
16	×	0.8	〃		○
16	×	1	〃	○	○
16	×	1.2	〃	○	○
16	×	1.5	4, 5,	○	○

JIS 規格　SUS304
不鏽鋼化妝圓管

外徑	×	肉厚	長度	髮線	#400 研磨
27.2	×	2	4, 5, 6m	○	○
27.2	×	3	〃	○	○
32	×	1	4	○	○
32	×	1.2	〃	○	○
32	×	1.5	4, 5, 6m	○	○
32	×	2	〃	○	○
32	×	3	4	○	○
34	×	1	〃	○	○
34	×	1.2	〃	○	○
34	×	1.5	4, 5, 6m	○	○
34	×	2	〃	○	○
34	×	3	〃	○	○
38	×	1	4	○	○
38	×	1.2	〃	○	○
38	×	1.5	4, 5, 6m	○	○
38	×	2	〃	○	○
38	×	3	〃	○	○
42.7	×	1.2	4	○	○
42.7	×	1.5	4, 5, 6m	○	○
42.7	×	2	〃	○	○
42.7	×	3	〃	○	○
42.7	×	4	4, 6m	○	○
45	×	1.5	4	○	○
48.6	×	1.2	4	○	○
48.6	×	1.5	4, 5, 6m	○	○
48.6	×	2	〃	○	○
48.6	×	4	4, 6m	○	○
50	×	1	4		○

圖 5-2　橫濱伸銅股份有限公司網站（http://www.yoko-shin.co.jp/）

5.2 產品形狀與工程設計

一開始要使用的加工機，大致可依前面所提到的素材形狀以及大小來決定。棒材可以用車床，塊材或板材則可用銑床或中心加工機。通常要製造可以用來使用的某種零件，很少情況是使用一台機械一個步驟就可以完成所有加工。原因是在加工時需要「支撐住（夾持）工件」，夾持的部分再進行下一個工程加工，才能將零件加工完成（**圖 5-3**）。

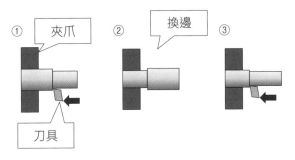

①夾爪　②換邊　③刀具

圖5-3　工件的換邊夾持

　　這樣的工序在大量生產時大多可在機器中自動換邊。再怎麼單純的形狀，最少需要考量2道工程，再來就是從物理面思考產品形狀要從哪一方向完成加工。以前面**表5-1**所列的產品來說，車削加工有2道工程，除此之外將孔鑽在軸的水平方向上算1道工程，鑽孔後因為內部也需要倒角所以需要再1道工程，甚至法蘭面的打磨也需要1至2道工程，合計就需要5至6道工程。

　　再更加具體來說，可試著思考使用棒材加工和使用塊材加工時各會是什麼情形，再檢視如何規劃設計工程。

5.2.1 棒材

〈圓柱〉

　　如果是單純的旋轉軸件只需用車削加工即可結束，但僅用1道工程就結束加工的工件很少。在車床上加工棒材時會如前面所提，在第1道工程夾爪夾取工件處進行第2道加工。甚至是連續切出（切斷）成品時，其切斷面若沒有漂亮地切除時，就需換到另一邊設定（稱做對調）將切斷面做精加工（**圖5-4**）。因此，即使是單純的旋轉軸件，多數都至少需要2道工程。

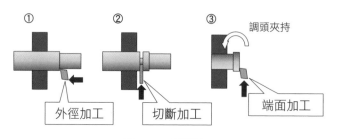

①　②　③　調頭夾持

外徑加工　切斷加工　端面加工

圖 5-4　切斷加工

　　在自動車床（自動換刀）中，也有用對向主軸（背面主軸）夾持加工後的產品面，將其切斷面做精加工的程序。如果是這樣，就能以 1 台機器連續性加工出最終形狀。但是以背面主軸夾持產品時，會發生咬入切屑的風險，所以多數會不使用全自動，而是再用別台機械進行第 2 道程序加工。

　　另外，即使同樣是圓柱，使用的車床類型會隨著所需加工處的長度大小而改變。一般車床在單邊夾持工件的狀態下加工時，伸出量如果變長一定會產生歪斜（**圖 5-5**），因此有的會使用尾座頂心抵在另一邊的端面中心，以防範此情形（**圖 5-6**）。針對更長的工件，甚至還會裝上中心架以抑制搖晃（**圖 5-7**）。但如果要將非常細長的螺桿加工成精度高的工件，此種機台已不敷使用，需要用到瑞士型的自動車床（**圖 5-8**）。此種車床使用有別於夾爪的導套支撐住材料，同時可在距離導套相當近的地方加工，即使是非常細長的工件也能達到高精度。不過加工過後的地方無法再伸入導套（無法返回），無法加工太粗的材料（一般是 φ32 以下），同時也有材料本身外徑精度不佳就無法使用的缺點。需要了解過各車床種類的特性之後，再判斷要用哪種機台加工。

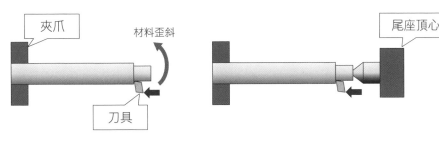

圖5-5　單邊夾持的車床加工　　　圖5-6　使用尾座頂心的車床加工

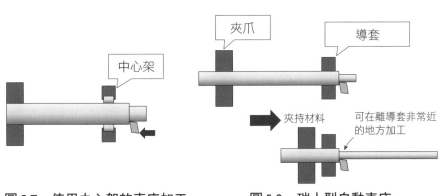

圖5-7　使用中心架的車床加工　　　圖5-8　瑞士型自動車床

　　接著來看圓筒。多數的圓柱因為需要同心的關係而有鑽孔，圓筒依其直徑與精度要求而有各式各樣的加工方法。也有依材料來做分類，如果要用的管狀材是一般市面上流通的材料，根據完工後的尺寸選擇管材也是不錯的方法，同時可省去不必要的加工程序也比較環保。管材種類琳瑯滿目，最好請材料商提供常用的管材一覽表。此外，有架設公司網站的材料商也不少，也可以自己上網查詢。

　　通常，管材不只精度沒那麼好，還要從許多種類中挑選肉厚，在精密加工領域中很少會保持原狀使用。不過有時因為後加工也納入一併檢討的關係，被用來做為降低成本之用的可能性很高。加工管材時要留意的一點是夾取時會變形（**圖5-9**），在壁厚較薄的管材施行加工負荷大的加工，是非常不容易的事。

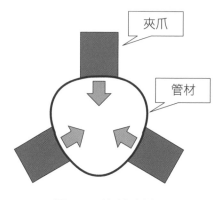

圖 5-9　管材的變形

　　素材為棒材時，依照精度不同，有的只使用鑽頭加工，有的會用鉸刀，甚至有的必須用到搪孔刀完工（**圖5-10**）。有切孔時會只使用鑽頭做精加工，如果有 H7 之類的指示，會再用到鉸刀或搪孔加工。

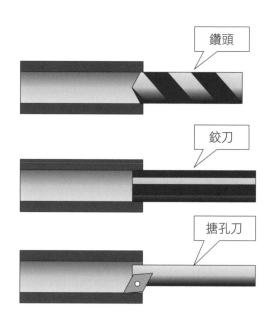

圖 5-10　內徑加工

現今鑽頭本身的精度也有提升，使用高精度的產品會空出數10μm左右的公差，若考慮到連續加工中的精度穩定性等問題，分成粗加工和精加工是比較安全的做法。細的搪孔刀愈細剛性就會下降，切削時若有歪斜精度就會變差，高精度的小徑深孔屬於加工中特別難的領域。

〈複合加工〉

　　即使外觀是旋轉軸件，光是旋轉產品能做出的形狀很少，大部分會有側邊鑽孔，或是一邊弄平的複合加工。一般常聽到的複合加工，大多指的是在基本的車床上搭載銑床機能的機器，典型複合加工機的各軸構成如圖 5-11、12 所示。

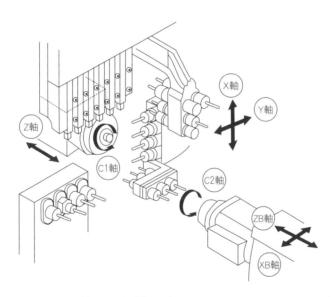

圖 5-11　複合加工機的各軸構成（取自 Star Micronics Co.,Ltd 網站）

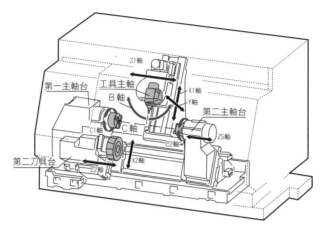

圖5-12　複合加工機的各軸構成（森精機製作所 MT2000 機台）

　　近年複合加工機如**圖5-12**所示，很多機台都多了一個被稱做B軸的軸，也有發展成如**圖5-11**所示的排齒型自動車床，由各式各樣的軸構成，因此在一台加工機中可加工的形狀就會有差異。當然，當可動軸數增加，形狀的自由度也會變多。舉例來說，平常只做車削加工時，可用Z軸、X軸這兩軸來完成（**圖5-13**）。Z軸是與裝棒材的軸平行，X軸則是與棒材的中心軸方向垂直。

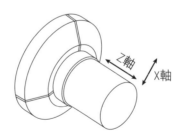

圖5-13　平常的車削

藉由在X軸裝上旋轉工具，可鑽出如同**圖5-14**的孔。此外，控制旋轉材料那一軸（主軸）的旋轉角度，可像**圖5-15**般在圓周上鑽出等距離的孔，再加上Y軸的作動也可鑽出偏離軸中心的孔（**圖5-16**）。而且除了鑽孔之外還能做銑床加工（**圖5-17**）。甚至，如果傾斜旋轉工具端（B軸），還能做如同**圖5-18**的傾斜加工。

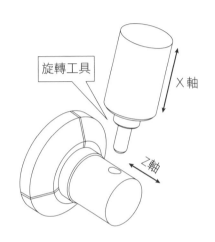

圖5-14　XZ軸＋旋轉工具

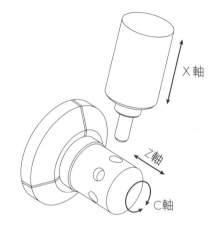

圖5-15　XZ軸＋C軸

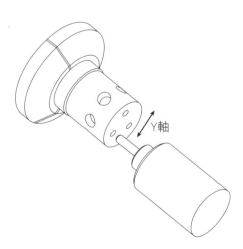

圖5-16　Y軸＋正面旋轉工具

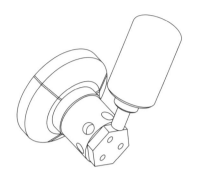 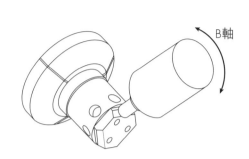

圖5-17　Y軸+側面旋轉工具　　　　圖5-18　控制B軸

　　像這樣能控制的軸數增加，加工的自由度也會提升，機械的價值也會跟著提高。當然，若是一個機械的加工時間變長，量產之際就必須仔細思考前置時間的問題。

5.2.2 塊材

　　接下來試著思考塊材如何加工。

〈做出加工所必須的基準面〉

　　塊材簡單來說就是立方體，如同在第4章的「4.2幾何工差」所說明的，幾何學上不存在完美的立方體，平行度、平面度、直角度，應該都會有傾斜。首先，一定要考慮的是產品形狀要從哪個順序開始加工起，最後產品的完工、公差的加工順序如何安排也是一大重點。

　　使用中心加工機加工時，一般的工程設計是先做出可靠的基準面，再將該面夾持成與軸平行的狀態，再加工下一個面。

〈即使形狀相同加工方法也是包羅萬象〉

　　以圖5-19為例。

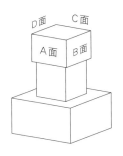

圖5-19　立起角柱

要加工成此圖的形狀，需要考量的方針大致可分成三個部分。

①正面和背面的 2 道加工工程（圖 5-20）

A 面、B 面、C 面會在一開始的工程就完成，最後會從反方向加工 D面做結。方式簡單，用短工具即可加工完成，但 B 面與 D 面之間的距離精度可能會不穩定。

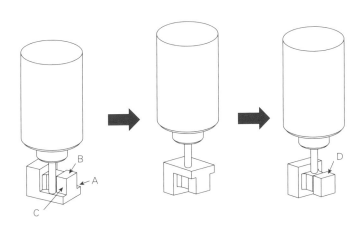

圖5-20　正面和背面的加工

②正面和側面的 2 道加工工程（圖 5-21）

要達成 AC 之間、BD 之間距離的精度，可先將 A 面、C 面精加工，再由側面精加工 B 面和 D 面，但需要用到的工具長度比步驟①還長，加工時間也會稍微變長。

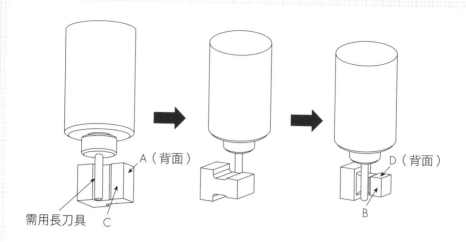

圖 5-21　正面和側面的加工

③從上面加工的1道工程（圖5-22）

用1道工程的精加工完所有的面，雖然較易達到精度，但需要細頸型的特殊工具。因為使用的工具變得更長，加工時間也變長。

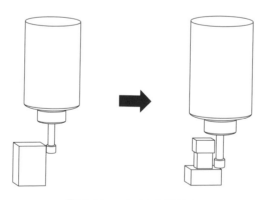

圖 5-22　由上面開始加工

看了以各式各樣的方法所車削加工出的工件形狀，即會了解有些地方會殘留刀具的R角。很多時候是在意識到此R角殘留的情況下去選擇工程。

就是需要如此鉅細靡遺地考慮在哪道工程上要如何安排加工的順序，即使精加工同樣的形狀，也存在著無限的模式。

〈要如何夾持〉

請看一下圖5-23。這是由複雜的曲面所構成的零件,加工完成之後,
接下來要夾持何處讓人相當困擾。

圖5-23　曲面形狀

在此情況下常用的解決方法為,將零件加工到像是還未被組裝的塑膠
模型零件般,一部分還連接在方框上的狀態(圖5-24)。

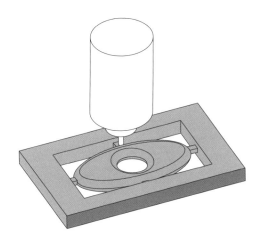

圖5-24　連接加工

順序是先做正反面的兩段式加工,接著將連接處削得小小的,是最後
可以直接用手摘下般的細小程度。一開始是用樹脂或鑄件製作出樣品,但
最終成品卻是用金屬加工的狀況,多數會使用此手法。

〈5軸加工〉

　　近年來5軸加工機漸漸普及，不過以現狀來看，一定要用使用5軸加工機加工的產品卻非常少，只要能操作3軸、4軸的加工機，幾乎99%以上的產品都應該能順利加工完成。但這並不意味著昂貴的5軸加工機是不必要的。

　　首先，必須先了解什麼是5軸加工。通常3軸加工機的軸指的是XYZ軸，在原本單做直線運動的軸之上，再加上會移動的旋轉刀具主軸。5軸加工機是在以XYZ軸為中心的旋轉軸之中（A軸、B軸、C軸），還有另外2個旋轉軸（**圖5-25**）。第6軸並非必要。有了這2個旋轉軸，就能面向工件的各個方向。

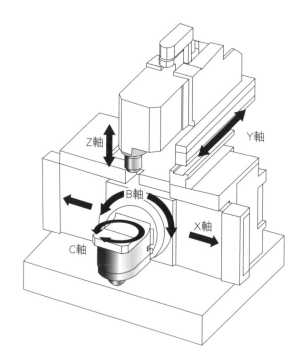

圖5-25　5軸加工機的各軸構成（大鳥機工 FTV-500）

請看一下圖5-26的聚光燈,藉由旋轉和上下傾斜這2個軸的旋轉軸,就能夠照射到所有方向,照相機的三腳架也是運用相同的原理。

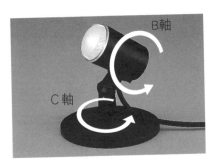

圖5-26　聚光燈

藉由2個旋轉軸和直線運動的XYZ軸,可從所有方向加工工件。不過工件被夾持住的部分自然是無法加工,有的地方因為會和刀具碰撞到,也無法加工,此區域稱為干涉領域,能否檢討規畫出不被干涉到的製程也成了重點。

一定要用5軸加工機加工的產品到底是什麼樣的產品呢?即使是5軸加工軸,直線運動軸和旋轉軸是否同時運轉,會有不同的結果。無法同時運轉的機台無法同時控制5軸加工機,其旋轉軸只能轉到某角度,在此固定角度的狀態下以直線運動的3軸進行加工。如此一來,就和在3軸加工機上設定角度的步驟相同。那麼,若5軸可同時控制時能加工到什麼程度呢?圖5-27是1個旋轉軸(C軸)和直行軸(XYZ軸)同時運轉時所加工出的產品。如照片所顯示,沿著圓柱加工時就要同時控制旋轉軸和直行軸。

圖5-27　使用4軸加工的零件範例（取自大昌製作所網站）

　　圖5-28顯示的是2個旋轉軸（C軸）和直行軸（XYZ軸）同時運轉時所加工出的範例。像此種渦輪形狀，在三次元上發生過切的情形時，就需要2個旋轉軸和直行軸同時加工。

圖5-28　5軸加工的範例（取自三井精機網站）

　　此類型加工常用於處理流體類複雜的自由曲面，像是噴射引擎渦輪葉片、飛機的螺旋槳、船舶的螺桿等，不過占全體機械加工的比例相當地少，實際上像圖5-29那樣，沒有同時控制旋轉軸也能加工的情形也很多。

圖5-29　5軸加工的範例（取自三井精機網站）

　　應該在確實掌握前述事項的情況下，再檢討是否導入5軸加工機。同時也最好先了解，在3軸工具機就能加工的形狀，運用5軸來加工時，不但可以縮短刀具的長度，並能用最適合的加工方式縮短加工時間，以及其他許許多多的優點。

5.3 必要精度與工程設計

　　前面已經介紹了產品形狀和工程設計，但是工程不光是決定產品的形狀。尤其需要注重精度的部分，也需在掌握工程的情況下事先檢討。例如：加工精度要求非常高的產品，如果從原材料開始就使用能製造出高精度產品的機械來加工，會相當耗費時間與成本；如果先以較低階的機器加工出大致的形狀，精加工的部分再以高精度的機械加工，即可滿足成本需求。請試著以精度為基準考量工程之際將上面要點納入參考。

〈將幾何公差規定嚴格的地方放在一起加工〉

圖5-30雖然看起來是單純的形狀，以銑床即可加工完成，但內徑和外徑都有指定同軸度。

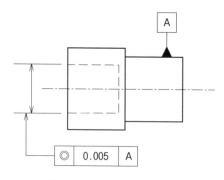

圖5-30　指定同軸度

這種情況下，如果不按照②的工程，而是依①的工程加工，換邊夾持時很有可能就會產生誤差。

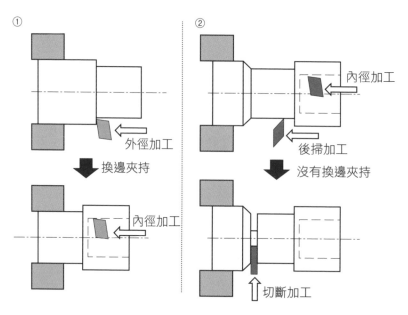

圖5-31　工程比較

此外，再舉一個銑床加工的例子，孔與端面的位置距離訂有相當嚴格的幾何公差（**圖**5-32）。

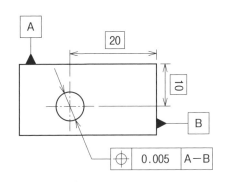

圖5-32　在中心機上同時加工幾何公差

此種情況下，可在尺寸大一圈的塊材上同時加工端面和孔，一般很難加工出比機台本身的定位精度還高的精度，工程設計一旦失敗，會因為工件程序安排設計的個人能力差異因素，導致產品完全無法活用機台精度。

不只是幾何公差，尺寸公差也同樣適用。舉例來說，像**圖**5-33這樣高低差的尺寸精度是0.005時，依照①的步驟加工完全不會有精度。③則是會比②還容易加工出精度，因為②的情形，高低差變大時就必須使用長的刀具，而且刀具旋轉時會因熱而變長，導致難以達到加工精度。而使用步驟③雖然能活用工具機本身的精度，但邊緣會殘留R角。

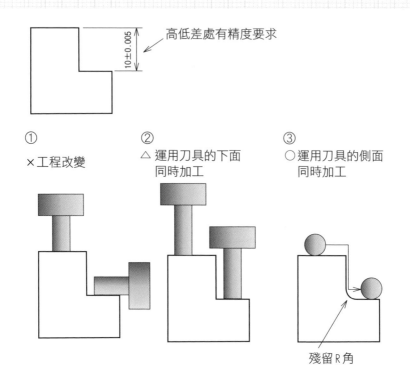

① ×工程改變

② △運用刀具的下面同時加工

③ ○運用刀具的側面同時加工

殘留R角

圖5-33 高低差要求精度的情形

〈區分出需要高精度的工程〉

　乍看之下會覺得好像和前述的同時加工相反，但還是稍微有所不同。例如：1個需要加工10小時以上的金屬模具零件，基本上因為是從同一個方向加工，用1道工程完成所有的加工是有可能的。但是，如果都從同一個方向加工，其中也會有精度要求非常嚴格的地方，在這10小時的加工中，如果精度要求嚴格的地方也一次加工，而導致最後量測該處的結果不合格，實在是相當不恰當的做法。加工長達10小時，刀具一定會有磨耗，機台也會因熱而產生變化，所以應該將工程區分開，將要求精度的地方集中加工。

　另外，還有一個加工時間不會變長但仍需要將工程區分的情形。例如難削材會造成刀具磨耗快，如果精度要求為數μm時，在連續運轉下加工幾

個工件之後，尺寸馬上就會開始不合格。此時，可在機台為自動運轉的模式下先加工低精度要求處，並在下一個工序──量測產品，依磨耗程度將補正值輸入機台再繼續以加工。

5.4 製造數量與工程設計

目前為止已經介紹了參考產品形狀以及必要精度所做的工程設計，另外還有一個要素要考量，即綜合整體情況思考如何有效率地（降低成本）加工。

＜自動機或泛用機＞

不管製造數量是否只有1個，使用高階的多軸複合加工機，寫了非常複雜的程式，考量到干涉問題又做了治具，在事前準備上花了大量的時間是沒有常識的做法。像這樣的情形，有經驗的技術者只要靈活運用像自己左右手般的泛用機，即使需要數道工程，只要能將每道工程加工的時間變快，效率就會明顯變好。不過，採用後者的加工工程，即使重覆一樣的步驟，能做出另一個完全一樣東西的可能性很低，因此批量少需要重複生產的產品，有些情形是以寫好固定程式且附有NC功能的加工機加工會比較好。

＜用同一台加工或是分成數台加工＞

請試想每個月需要生產幾十萬個的量產零件的狀況。即使花一點點時間思考，每個產品的循環時間即使縮短1秒，最後還是會回到設定前的狀態，總之請檢討怎樣可以讓工程縮短循環時間。

以全自動為目標雖然重要，但並非意味著用一台機台完成所有加工方式會比較好。針對1個零件考慮各式各樣的加工方式時，想只用同一台機器讓各種加工法都能達到最佳化，這種想法不合實際。

外徑加工用車床、細孔加工用細孔加工專用機、高精度精加工用研磨加工機，像這樣視情況在各處分別使用該領域擅長加工的專用機台加工，應該可縮短總加工時間。但如果要將所有工程都自動化，初期投資將相當可觀，必須稍加權衡。

〈機械加工要精加工到什麼程度〉

考量工程時，到哪一步只使用機械做精加工，換句話說，哪一步工程容許用人工作業是非常重要的一點。舉毛邊的處理為例，去除毛邊如果以人工作業就非常單純，可是如果考慮用機械加工就非常麻煩，請試想一下兩個孔在內部交叉的情形。

機械加工若要極力抑制毛邊（圖5-34）產生，會先鑽A孔之後再鑽B孔，甚至之後還要再加工一下A，即使如此，B孔的周圍仍殘留了微小的毛邊。

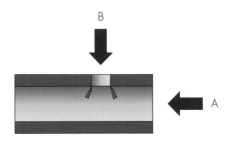

圖5-34　內徑毛邊

像這樣的毛邊，有時候靠人工拿去毛邊專用的簡便工具來作業，反而意外地容易去除。同時藉人工作業也可以確認每個毛邊是否都有去除，遇到毛邊完全NG的產品時也會很安心。

醫療機器的零件以及航太相關零件，只要有任何一點細微的毛邊就不合格，因此會在顯微鏡下一一確認並以人工作業的方式去除。但人工是時間成本相當高的作業，如果輕率地認為之後用手去除就好，而不將其納入工程設計的一部分，當遇到大量生產時，往往會生產出不敷成本的產品。

由此可知，製造數量與工程設計之間有著密切的關係。尤其大量生產時，設計了各式各樣的加工工程，仍必須檢討最後的整體成本會變得如何。

5.5 熱處理時機

金屬材料在加工為成品前幾乎都需要熱處理，而金屬材料最初即是在高溫的狀態下被製作出，因此需要事前了解做為素材時的狀態如何。

這裡最好也參考一下JIS在「3.8 材料規格」裡的敘述。例如一般市面販售流通的鋁合金、A2017棒材的成品狀態，幾乎是有經過被稱之為T4（T42）的熱調質處理。T4是JIS的調質記號，指的是淬火處理（之後再時效硬化）。此外不鏽鋼合金中常見的SUS340一般棒材（JIS G 4303），則是會經過固溶處理（1010°C ～ 1150°C急速冷卻）。

針對素材所做的熱處理，其時機大致可分成以下幾種：

①素材在製作階段即施以熱處理
例如：用於飛機裡的零件、鋁合金、不鏽鋼合金

②素材經過熱處理之後的加工
例如：用於精密引擎裡的零件、SCM435（鉻鋼）

③素材經過加工之後再做熱處理

例如：機構引擎零件、S45C（碳素鋼）

④素材經過粗加工之後再施以熱處理，之後再做精加工

例如：模具零件、SKD61（模具鋼）

　　熱處理時因為常會引起尺寸變化，所以如果弄錯精密切削零件的熱處理時機，將會是相當嚴重的一件事。尤其很多時候因為低估熱處理的尺寸變化，結果導致發生超出尺寸公差、幾何公差的情形。尺寸變化因為是受到熱處理時的溫度影響，所以要特別留意需要進行熱處理的物品。以精密切削零件來說，其熱處理大多是屬於第①類。因此必須特別留意熱處理的時機是在加工後或是在加工中就要進行。

　　熱處理很少是由切削加工廠商處理，大部分會委託熱處理加工廠，建議最好多與熱處理廠往來，花時間了解廠商的特徵、及產品經過該廠商熱處理後的尺寸變化。

6章

理解實際的加工步驟

終於要進入實際的切削加工話題了。本章並不會深入探討學術理論，而是簡潔地說明實際的加工現場會使用什麼樣的切削加工條件，和如何去判斷要使用的工具及材料。

6.1 切削加工的運作方式

請試著思考切削加工的基本組成。可以想像一下刨刀（**圖6-1**）刨木材的情況（**圖6-2**），基本的切削理論就是從這樣的景象發展而來的。將素材置於下方，再將刀具由右向左移動，之後用刀具前端削開工件，被削開的切屑則是會順著刀具上方滑落，這就是切削的運作方式。雖然實際上切削刀具的形狀複雜，刀具的動作也包羅萬象，但如果刀具前端削工件的範圍擴大，就會發生這樣的現象。

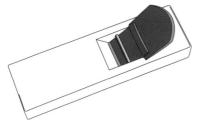

圖 6-1　刨刀　　　　　　　圖 6-2　使用刨刀切削

　　如果依組成要素來區分，可大致分類如下：

- 刀具的形狀：前刀角、後刀角、刀刃前端的銳利度
- 素材：刀具的素材、工件的素材
- 動作：刀具和工件的相對速度、刀具和工件的相對位置
- 抵抗力：刀具的抵抗力、工件的抵抗力

　　若能記好這四項分類，瀏覽相關型錄時也會變得輕鬆，並能加深理解。

6.1.1 刀具的形狀

　　一提到刀具的形狀，大概就會想到以下三種：

- 前刀角
- 後刀角
- 刀刃前端的銳利度

　　首先，用**圖 6-3**的示意圖來說明這三種形狀有什麼不同。

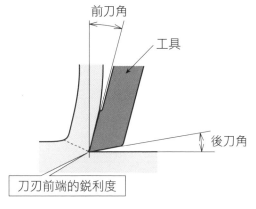

圖6-3　切削示意圖

前刀角

工具

後刀角

刀刃前端的銳利度

<前刀角>

　　前刀角可以想像成用鏟子挖土，這樣會容易理解許多（**圖6-4**）。

圖6-4　用鏟子挖土

　　將鏟子直直地插入地面時，前刀角為0度，將鏟子傾斜微微戳入時前刀角即變大。用鏟子直直將土往上挖時雖不易左右移動，但對力氣小的人來說，微微戳起土簡單許多。小於零度的前刀角可能不太好想像，或許可以想像一下拿未經倒角的滑塊邊角摩擦木桌，會有細微的木屑產生一般，

即使是負前刀角也能夠加工。而實際上這樣的刀具也很多。

　　前刀角的大小所引起的差異，如同**圖6-5**所示。可得知在相同切深量時，前刀角大的時候，被切削下的切屑會變薄。

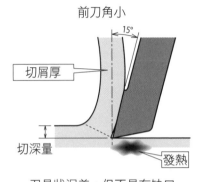

圖6-5　前刀角的大小

　　也就是說以相同條件加工時，前刀角愈大耗能會愈小，發熱也會變少，發熱少刀具的磨耗也會變少。如此一來，似乎盡可能地加大前刀角是不錯的做法，但此舉反而會造成刀刃前端會漸漸變薄，剛性下降而變得容易有缺口。因此重切削時，前刀角就不得不取小一些，前刀角是依著這樣的平衡關係決定出來的。而車削時，因為是一邊在圓周加工一邊往軸方向前進，各個方向都會有前刀角、後刀角。

＜後刀角＞

　　後刀角的存在是為了不讓刀具磨擦到工件，**圖6-6**表示的是後刀角大與後刀角小的示意圖。

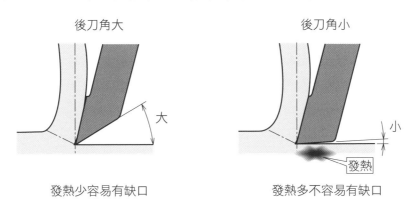

後刀角大　　　　　　　　　　後刀角小

大

小

發熱

發熱少容易有缺口　　　　　　發熱多不容易有缺口

圖6-6　後刀角的大小

　　如果沒有後刀角，刀具下面會常常摩擦到工件，引起發熱，刀具很快就會磨耗。反之，若是後刀角過大，就會與前刀角偏大時的情形一樣，刀具的剛性會下降而變得容易有缺口。

　　雖然後刀角保持在一個臨界的不碰觸到工件的角度很好，但也是有後刀角比較大的刀具。刀尖如果發生磨耗，會如同**圖6-7**所示後刀面的磨耗範圍也會變大，理論上後刀角消失的部分會增加，並加劇磨耗速度。後刀面的角度如果變大，磨耗進行時的磨耗範圍會變小，可長時間使用。尤其像切削鋁之類容易沾黏的材料，其刀具的後刀角通常會取大一點。

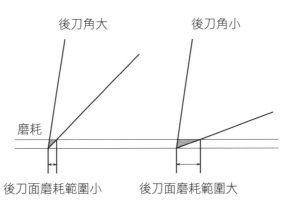

後刀角大　　　　　　後刀角小

磨耗

後刀面磨耗範圍小　　　後刀面磨耗範圍大

圖6-7　後刀面磨耗

<刀尖銳利度>

通常刀具在刀尖的地方會有微小的R角（或C角），稱做刀刃。圖6-8
表示刀刃大與刀刃小時的情形。

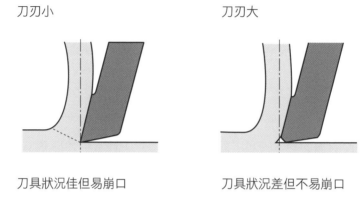

刀刃小　　　　　　　　　　　　　刀刃大

刀具狀況佳但易崩口　　　　　　　刀具狀況差但不易崩口

圖6-8　　刀刃的大小

　　刀刃小的刀具自然會比較好切，就好比用刀尖是圓角的雕刻刀雕木頭
一定會比較吃力。不過幾乎所有的刀具都有刀刃，這是因為如果是銳利的
邊緣就會產生微小的崩口，久而久之刀具壽命就會減少。

　　市售的長壽命刀具，大多都會將刀刃取得大一些，因此刀鋒鈍容易發
熱，相對地磨耗就很容易變大。建議用顯微鏡觀察刀尖的刀刃情形，直到
習慣為止。此外，也必須留意各刀具廠商製作出的刀尖也會有所不同。

<刀片斷屑槽>

　　除了目前為止所介紹的三個要素，接著要事先考慮到的要素便是刀片
斷屑槽。圖6-9為車削加工用的刀具（刀片），表面有複雜的紋路，這些都
具有意義而不是為了裝飾，可以試著觀察一下切削時的截面（圖6-10）。

刀片斷屑槽可將滑至刀具前刀面的切屑急速捲曲，並使其又捲又碎。因製造廠商的不同，刀片斷屑槽的形狀雖然五花八門，但基本的功用都是相同的。不過也需要注意其形狀、位置與前刀角搭配後多少會影響加工條件。

圖6-9　TUNGALOY所出產的HMM型

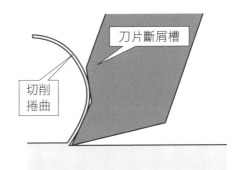

刀片斷屑槽

切削捲曲

圖6-10　刀片斷屑槽之切削斷面圖

〈端銑刀〉

車削加工所使用的刀具形狀單純，銑床加工使用的相對比較複雜。車削與切削在刀尖上需要留意的地方是相同的，用於銑床加工的端銑刀則需留意刃數（圖6-11、12）及螺旋角。

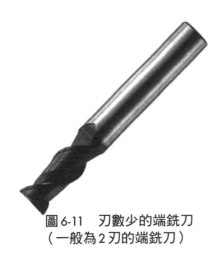

圖6-11　刃數少的端銑刀
（一般為2刃的端銑刀）

圖6-12　刃數多的端銑刀
（MEGAFLUTE 16刃端銑刀）

刃數多的刀具，以同樣速度運轉時，與工件接觸的次數會比刃數少的刀具多。一般來說刃數多的刀具因為截斷面積大，工具的剛性就會提高。以此角度有人會說刃數愈多愈好，卻不能說完全對。因為通常刃數多的刀具截斷面積大，切屑排出的空間（切屑槽）就會變小，切屑容易阻塞不適合溝槽加工。所以必須考慮兩者如何平衡。

　　螺旋角的大小會影響切削力的大小，切削力又可分解成軸方向與圓周方向的分力。螺旋角如果小，圓周方向的分力就會變大，軸方向的分力會變小。如果螺旋角為大，則是相反的情形。因此，圓周方向的分力變大時，刀具會往橫向彎曲產生裂紋；而軸方向的分力大時，刀具的力量就會作用在拉伸的方向上，會在縱向產生裂紋。此外，螺旋角大的刀具，因為刀尖變銳利，剛性會下降。所以深溝加工會使用螺旋角小的刀具，側面精加工最好使用螺旋角大的刀具（**圖** 6-13）。

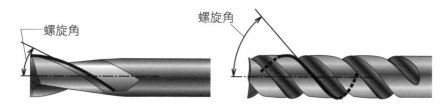

圖 6-13　端銑刀的螺旋角

6.1.2 刀具的材質

　　切削工件的刀具不能比工件硬。工件若硬，刀具會磨耗。不過即使刀具比工件硬，刀具也會隨著切削漸漸磨耗。基本上如果工件與刀具的硬度差異大，磨耗也會少。

素材中硬度最高的東西當屬鑽石，可以做成各式各樣的刀具使用，通常硬的東西都有容易崩口的缺點，所以也不是萬能。下面所列舉的是幾乎所有製造精密切削加工刀具會用到的材質。

- 鑽石燒結體
- CBN 燒結體
- 陶瓷
- 金屬陶瓷
- 硬質合金
- 高速度工具鋼（高速鋼）

這些素材各有其特徵，以做為主要的切削刀具來說，可舉出以下幾個特性：

- 硬（硬度）
- 崩口難度（韌性）
- 高溫特性（耐熱衝擊性、耐溶著性）

一般所使用的刀具材質的硬度與崩口難度（韌性），其關係如同**圖6-14**所示。此外，刀具時常是處於與熱對抗的狀態下，所以有必要考量刀具材質相對於熱的特性。**圖6-15**表示的是高溫狀態下的崩口與耐溶著性的關係。

甚至，刀具與工件的相容性也是一個問題。鑽石雖硬，但如果和碳素鋼的碳成分反應，反而會被侵蝕，壽命就會變得異常地短。

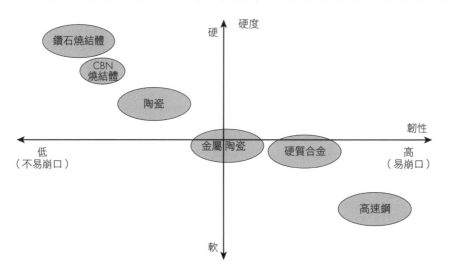

圖6-14　抗缺損性與硬度的關係

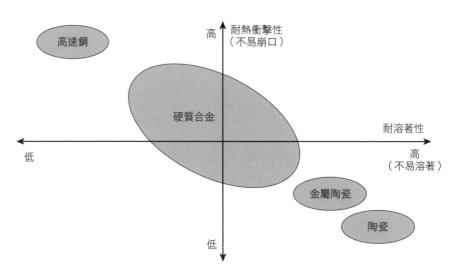

圖6-15　耐溶著性與耐熱衝擊性的關係

<關於塗層>

　　近年很多切削工具在母材上面都會施予塗層，原因在於藉由在表面披覆數μm～數十μm硬且耐高溫的薄膜，可以延長刀具壽命。

上塗層的方法有CVD（Chemical vapor Deposition：化學氣相沉積法）與PVD（Physical vapor Deposition：物理氣相沉積法）。通常PVD大多有1～5μm的膜厚，但很難鍍到10μm以上。相對的，CVD可鍍上均勻的厚膜同時具有優秀的耐磨耗性。不過處理溫度高導致劣化層產生，有易剝蝕的缺點。近年塗層處理後刀具的精度容易達成，刀具狀況佳的PVD已蔚為主流。切削用刀片多數使用CVD，端銑刀的塗層通常是使用PVD。

以膜的材質來說，近年大多是用TiAIN（氮化鋁鈦），將硬質合金刀具鍍上Ti鈦、Al鋁、N氮素的膜。看起來會有深紫色的光澤，此外DLC（Diamond Like Carbon：類金剛石炭）等塗層，則是鍍上非常硬的碳素塗層。即使是同一種的塗層，鍍膜的工夫也是包羅萬象，刀具廠商也會以各式各樣的名稱分別為其命名。雖然塗層種類繁多，有時會難以判斷要使用哪一種才好，但可以試著參考刀具型錄，上面會刊載哪種塗層適合哪種被加工物、適合怎樣的切削方法等相關建議資訊。但是，最好自身還是要有刀具銳利度的相關認識。鍍上塗層後，刀尖的銳利度通常會下降，也就是刀具本身的狀況會變差。薄的PVD塗層的銳利度雖然會比CVD好，但未上塗層的K類硬質合金刀具其銳利度又會更好。

除了塗層本身的膜厚會有影響，另外也需要事先了解廠商施作塗層的考量點。像是重視耐磨耗的刀具，為了要避免剝蝕多數會將刀尖弄圓，因此銳利度也會下降，變得容易發熱，反而會發生壽命變短的問題。刀具型錄大多沒有記載刀尖的銳利度情形，沒有實際切削就無法得知其狀況，因此就必須嘗試實際切削，再用顯微鏡觀察刀具前端的形狀，綜合整體狀況考量何者是真正適合的刀具。

6.1.3 動作

<切削速度>

刀具作用於工件的速度稱做切削速度。以前述**圖6-2**為例，指的就是刀具由右往左前進的速度，一般來說計量單位用m/min來表示。

用旋轉刀具切削時該旋轉刀具的外徑旋轉一周的圓周速度即為切削速度，因為材料旋轉時會成為切削點的圓周速度，所以切削速度又稱做圓周速度。切削速度若是過慢就會無法切削造成崩口，過快便會發熱並猛烈磨耗。就像伐木時，比起拿刀輕輕地往木頭切去，一定是將刀快速前後移動會好切得多。而切削速度，依據前述的刀具材質、形狀和工件材質有其固定的建議值，可參考刀具型錄上的代表產品。

實際的精密切削加工，大多會以遠低於建議切削速度的速度加工。例如要車削外徑非常小的軸件時，即使將 ϕ 0.2的軸件以10,000rpm的速度旋轉，圓周速度為直徑 × 圓周率 × 旋轉速度 = 6,000m m /min = 6m/min，遠遠不及建議的切削速度。換做是球銑刀時，即使圓周速度以其直徑來計算，實際加工會用到的部位是接近球銑刀的刀尖，這樣直徑又將變得更小，以計算出的圓周速度的1/10切削也綽綽有餘。

綜合以上所述，也請在實際加工中體驗切削速度會變得如何、會產生何種結果，配合去施行各種的加工法。

<連續切削和斷續切削>

軸件的連續車削加工會如同端銑刀的側面切削一樣，切削會斷斷續續地進行。刀具碰觸到工件的瞬間會有極大的衝擊力，連續切削的衝擊力會較少，斷續切削的衝擊力會較大。也就是說，如果斷續切削又使用易崩口材質的刀具，其後果可想而知。另一方面，如果從磨耗所產生出的熱來看，斷續切削會比連續切削有利。

不論是連續切削或斷續切削，都需要依擬製造的產品選擇適合的加工法及使用的刀具，並思考適合的切削速度。

6.1.4 強度

　　剛性也是切削加工的重要元素。從微觀角度來看，如同**圖6-16**所示，刀具的剛性如果變小，就會引起刀具本身的顫振，不只刀具本身的磨耗會變快，加工面也會變粗糙而無法達到精度要求。

刀具剛性大　　　　　　　　　　　刀具剛性小

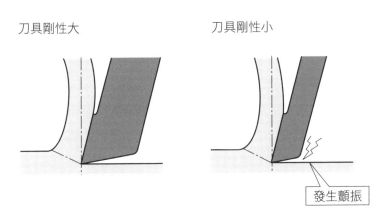

發生顫振

圖6-16　刀具剛性的大小

　　再從稍微宏觀的角度來看，固定刀具的支撐座的剛性，甚至是機台本身的剛性，也會影響加工。另外，也有工件剛性不足的情形，這也是精密切削加工時最應該注意之處。工件剛性不足可藉由留心夾持方式來降低影響，但如果是無法夾持的構造，就必須盡可能地選用銳利度好的刀具，來減輕切削負荷、抑制工件變形。而這正可展現加工者精湛的功夫。關於如何減輕切削負荷，可參考前面所介紹的方法。

6.2 金屬材料

　　此章節將介紹精密切削加工常使用的金屬材料及其加工特性。金屬材料雖有各式各樣的特性，此處僅由切削加工的角度聚焦說明材料的特性。

6.2.1 硬度

　　材料硬度會以類似60HRC（洛氏C尺度）的形式表示試驗方法及其數值。評價硬度的指標各式各樣，像是洛氏硬度（HRC等）、維氏硬度（HV）、布氏硬度（HB）等，檢測方法不同所以稍微麻煩。用相同檢測方法檢測橡膠和鑽石會無法比較，所以每種標準各自會有適合量測的範圍，以及適用的量測對象形狀（僅針對厚、薄、表面）。

　　很多圖面都會標示淬火的硬度，同樣的材料會因圖面不同所以標示不同的硬度標準，手邊最好隨時備有硬度轉換表。**表**6-1即為SAE J417（美國汽車技術者協會規範）的各種硬度轉換表。

　　要將這張表完整記住是不可能的，不過以常見洛氏C尺度為基準，維氏硬度（HV）約為其10倍（接近HRC30 ～ 50左右），布氏硬度雖然與維氏硬度數值相近，但同樣的硬度測出的值多少會較小一點，最好先有這樣的認知。

表6-1 硬度轉換表 （摘自SAE J417（美國汽車技術者協會規格））

洛氏 C尺度 硬度	維氏 硬度	布氏硬度 10mm 球、重 3000kgt		蕭氏 硬度	洛氏 C尺度 硬度	維氏 硬度	布氏硬度 10mm 球、重 3000kgt		蕭氏 硬度
		標準 鋼球	碳化 鎢球				標準 鋼球	碳化 鎢球	
68	940	—	—	97	38	372	353	353	51
67	900	—	—	95	37	363	344	344	50
66	865	—	—	92	36	354	336	336	49
65	832	—	（739）	91	35	345	327	327	48
64	800	—	（722）	88	34	336	319	319	47
63	772	—	（705）	87	33	327	311	311	46
62	746	—	（688）	85	32	318	301	301	44
61	720	—	（670）	83	31	310	294	294	43
60	697	—	（654）	81	30	302	286	286	42
59	674	—	（634）	80	29	294	279	279	41
					28	286	271	271	41
58	653	—	615	78					
57	633	—	595	76	27	279	264	264	40
56	613	—	577	75	26	272	258	258	38
55	595	—	560	74	25	266	253	253	38
54	577	—	543	72	24	260	247	247	37
53	560	—	525	71	23	254	243	243	36
52	544	（500）	512	69	22	248	237	237	35
51	528	（487）	496	68	21	243	231	231	35
50	513	（475）	481	67	20	238	226	226	34
49	498	（464）	469	66	（18）	230	219	219	33
48	484	451	455	64	（16）	222	212	212	32
47	471	442	443	63	（14）	213	203	203	31
46	458	432	432	62	（12）	204	194	194	29
45	446	421	421	60	（10）	196	187	187	28
44	434	409	409	58	（8）	188	179	179	27
43	423	400	400	57	（6）	180	171	171	26
42	412	390	390	56	（4）	173	165	165	25
41	402	381	381	55	（2）	166	158	158	24
40	392	371	371	54	（0）	160	152	152	24
39	382	362	362	52					

以HRC來看，精密切削加工常用的不鏽鋼材料約為20左右，鋁材低於前者，淬火性佳的材料淬火硬化後為50以上，高速工具鋼超過60。事實上超過HRC50的素材很多會以精磨的方式做精加工，近年刀具已有進化，直接雕刻高硬度淬火鋼的例子增加非常多。各種刀具廠商的高硬度用的產品陣容也相當齊全。有關硬度，特別需要留意的就是超過HRC40的東西。實際上，常用的不鏽鋼、鋁合金、銅合金等產品，受其他加工特性的影響會比硬度多。這類合金反倒是硬一點還比較好切削。

6.2.2 熱傳導率

熱傳導率指的是熱在金屬中傳遞的速度。乍看之下可能會覺得與切削加工的特性無關，但卻是非常重要的特性。熱傳導率差的金屬，將無法將切削引起的發熱傳到金屬內部而集中在切削處，因此會造成刀具發熱、磨耗變快，此外材料會局部發熱導致加工硬化。

熱傳導率差的代表材料為英高鎳合金、鈦合金等耐熱合金，因為熱傳導率差的關係被稱為難削材。相反地，熱傳導率佳的鋁合金、銅合金，就不難理解會比較容易切削。

6.2.3 延展性

延展性是材料能做多少延伸的指標。例如，金的延展性非常高，1g的金可以拉伸成3000m的線。

延展性指的是可壓扁、可延伸成長條形，是塑性加工的必要特性，但也因為切不斷的延展性，對切削加工來說是大麻煩。例如用鋒利度不佳的刀具切削延展性高的銅，會產生加工面參差不齊、無法區分出形狀的嚴重毛邊。同時切屑也會沾黏，量產時處理起來會很麻煩。

適合切削的材質被稱為快消鋼，多數會藉由摻入不純物來消除這種延展性。因此，以純鋁這樣延展性非常高的材質，變成A2011（易切削鋁合金）便可俐落地切削。相反地，不太有延展性的肥粒鐵、石磨等脆性材，需要注意會使工件產生缺損。

接著,讓我們試著以上述的指標比較幾個代表的金屬材料(**表6-2**)。用這樣的指標做過比較之後,自然就能了解切削各種材料時應特別注意之處。

表6-2　金屬材料的硬度、熱傳導率、延展性的比較表

		硬度	熱傳導率	延展性
鋼鐵	· S45C 調質鋼	☆☆☆☆★	☆☆☆☆★	☆☆★★★
	· SKD11 淬火	☆☆☆☆☆	☆☆☆☆★	☆★★★★
不鏽鋼	· SUS304	☆☆★★★	☆☆☆☆☆	☆☆☆★★
	· SUS630	☆☆☆★★	☆☆☆☆☆	☆☆☆★★
鋁合金	· A5052	☆★★★★	☆★★★★	☆☆☆★★
	· A7075	☆☆★★★	☆★★★★	☆☆☆★★
銅合金	· C1100	☆★★★★	☆☆★★★	☆☆☆☆☆
	· C3604	☆★★★★	☆☆★★★	☆☆★★★
耐熱鋼	· Ti64	☆☆☆★★	☆☆☆☆☆	☆☆★★★
	· NCF600(高英鎳 600)	☆☆☆☆★	☆☆☆☆☆	☆☆☆★★

硬度:☆愈多代表較硬
熱傳導率:☆愈多代表熱傳導率較差
延展性:☆愈多代表延展性較高

〈關於各種合金〉

接下來,讓我們更具體地來看實際常用於切削加工的各種合金。

幾乎所有的金屬材料都會混合多種金屬,以合金的形式被使用。合金的優點是,可依照用途保留金屬的各種特性,以下舉幾個實際的特性讓各位了解。

- **拉伸強度**　　　能拉到多長
- **硬度**　　　　　被硬的物體壓過之後會凹陷多少
- **韌性**　　　　　被破壞之後能不受影響做多少延伸
- **抗腐蝕性**　　　是否能耐鏽蝕
- **耐熱性**　　　　是否耐熱
- **耐磨耗性**　　　是否耐摩擦
- **被削性**　　　　是否容易切削

以下列舉各類合金裡面所含成分的特性。

○鐵合金

表6-3　鐵合金的特性

添加元素	特性	實例
C（碳素）	硬	S45C（0.45%C）
Si（矽）、Mn（錳）	拉伸強度、韌性	SM
P（磷）、S（硫黃）	易切削性	SUM
Cr（鉻）	耐腐蝕性、淬火性	SCM
Mo（鉬）	高溫強度	SCM
Ni（鎳）	耐熱性	SUS

鐵合金因其母材便宜，幾乎所有的工業產品都會使用到。如果沒有限定使用鐵的種類，大多會使用SS400。如果考慮到易切削性可使用SUM材，成本雖稍高，但可縮短加工時間。SUM當中，因SUM22、SUM23幾乎沒有在市面上流通，最好使用SUM24L。另外，如果需要焊接可使用SUM32L。如果是用於模具這樣需要有硬度的材質，最常使用SK、SKD之類的鐵合金，用途多元。必須耐腐蝕時，雖可使用SUS（不鏽鋼合金），但其種類龐雜，留到後面再做介紹。

○鋁合金

表6-4　鋁合金的特性

JIS 特性	俗稱	說明
A1100	純鋁	因加工性佳、強度低，不適用構造材。
A2011	易切削硬鋁	在 A2017 中再添加鉛、鉍，提高易切削性。
A2017	硬鋁	於鋁中添加銅、鎂，提升強度。因銅多，耐腐蝕性差。
A2024	超硬鋁	於 A2017 中添加鉻、錳，防止腐蝕裂紋。
A5052	鋁鎂合金	添加鎂，強度中，廣泛應用於構造材。主要為板材。
A5056	鋁鎂合金	稍硬成分大致與 A5052 相同。主要為棒材。
A6061	鋁鎂矽合金	強度、耐腐蝕性皆良好，無法焊接。強度等同 SS400。
A6063	鋁鎂矽合金	因壓延性好，主要用於建材裡的窗框，強度比 6061 低。
A7075	超超硬鋁	鋁合金當中最硬的，耐腐蝕性差。

　　鋁（Al）和鐵一樣，加入銅、鎂、鉻、錳、鉍等元素，就會產生各式各樣的特性。其中易切削性特優、強度又強的就是A2011，雖然價格比A5056稍微高一些，是相當推薦的素材。A2017雖然也不錯，但與A2011相比，表面粗糙度稍差。如果需要稍具耐腐蝕性的話，建議使用A5056。A5052較A5056強韌，有點不易加工。提到棒材，較不流通尺寸的選擇也少，所以使用粗的材料切削會造成浪費。A6063很多都是做為擠出材使用，如果想用圓棒、板狀形式的素材，由取得容易性來看A6061會較好。

○銅合金

表6-5　銅合金的特性

JIS 特性	俗稱	說明
C1011、C1020	非氧化銅	幾乎不含氧的純銅，氧含量比精銅少。
C1100	精銅	還原金條裡所含的氧，比例減到 0.02~0.04%，導電率、熱傳導率高。
C1720	鈹銅	導電率高、彈性好，多用做高級的彈簧材料。
C3602	易切削黃銅（黃銅）	易切削，延展性比 3604 好（但較其難切削）。
C3604	易切削黃銅（黃銅）	易切削，廣泛應用於多種領域。
C4641	海軍黃銅	於黃銅中添加 1% 左右的錫，提高耐腐蝕性，同時也能抗海水。
C5191	磷青銅	添加了 Sn（錫）與 P（磷）的合金，耐疲乏、韌性、耐摩擦與耐腐蝕性好，多用於連接器。
C5341、C5441	易切削磷青銅 1 種、2 種	於磷青銅中添加易切削成分。

　　C3〇〇〇系和C5〇〇〇系的銅合金，其中可能含有鉛。C後面第一個字表示合金的種類，接著第二個字是表示規格的號碼，最後一個則是其衍生金屬。銅合金中最多的就是黃銅，易切削性佳，很多黃銅的量產品在切削加工後會再電鍍。而鈹銅、磷青銅則是因為韌性高，多被用於連接器，不過價格相當昂貴（尤其是鈹銅）。此外，黃銅以外的銅合金，很多還會以電導率、韌性做為選用標準。

○不鏽鋼合金

表6-6　不鏽鋼合金的特性

JIS 特性	俗稱	說明
SUS303	沃斯田鐵系	於 SUS304 中增加易切削性元素 S（硫磺）與 P（磷）的含量。
SUS304	沃斯田鐵系	有優異的耐腐蝕性、耐熱性，常用於餐具等用品，304 也是使用量最大的不鏽鋼。
SUS316	沃斯田鐵系	因比 SUS304 更具耐腐蝕性，有添加 Mo（鉬）。
SUS316L	沃斯田鐵系	減少 SUS316 中的 C（碳素），抑制晶間腐蝕。L 表示低碳。
SUS410	麻田散鐵系	麻田散鐵系不鏽鋼可淬火、回火，一般用於刀具等產品。
SUS416	麻田散鐵系	於 SUS410 裡添加 S（硫磺），提高易切削性。甚至還會添加 Mo（鉬），提高耐腐蝕性，用於螺栓等製品。
SUS420	麻田散鐵系	C（碳素）含量比 SUS410 多。
SUS440C	麻田散鐵系	不鏽鋼中最堅固的一種。藉由淬火回火，硬度可達 HRC58 以上。
SUS430	肥粒鐵系	價格較沃斯田鐵系便宜，耐腐蝕性也比麻田散鐵系優異，擠出等的成形加工性也很好。
SUS430F	肥粒鐵系	於 SUS430 中增加易切削性元素 S（硫磺）與 P（磷）的含量。
SF20T	肥粒鐵系	低碳肥粒鐵系易切削不鏽鋼，改良 SUS430，添加 20% 的 Cr、Mo，擁有與 304 相近的耐腐蝕性。
SUS630	沉澱硬化系	藉熱處理達到高硬度的不鏽鋼，用於螺桿、渦輪機等產品。

不鏽鋼合金可分成四大類（沃斯田鐵系、麻田散鐵系、肥粒鐵系、沉澱硬化系），其特性各不相同。總歸來說，沒有指定不鏽鋼種類時，使用SUS303是較為安全的做法，在一般環境下使用也不用擔心會生鏽。不過，因為沒有含有易切削成分，要避免使用於需要熔接的產品。如需熔接使用SUS304會較好，切削後的表面也能維持完美良好。若是考慮到易切削性，可使用SUS430F的易切削材（ASK3200、SF20T等），但因為是肥粒鐵系，需要留意會與磁鐵相吸。另一方面SUS420、SUS630是較難處理的素材，要有不易加工的心理準備。

6.3 導出加工條件的基本思考方法

所謂加工條件是由下列要素組合搭配而成，其組合有無限可能。

- 工件（材質、形狀）
- 工具機
- 切削液
- 治具
- 刀具
- 切削條件

但由加工業者的角度來看，只能從目前工廠內現有的機台當中，挑選出可加工圖面形狀的工具機。依照使用的機台會有專用的切削液，有的甚至會依照被加工物的材質，在圖面會先標示指定的切削液。治具也是依照被加工物的材質與形狀會有固定使用的治具。這樣看來，所謂導出加工條件，大多數的情況是，在有限的條件中選出可展現高效能的刀具，使切削條件最佳化的一個過程。

首先，在刀具的挑選上，建議詳細閱讀廠商的型錄，依照形狀以及工件的材質、工具機，會有建議的品項。不過再怎麼好的產品也要兼顧成本，在取得兩者平衡的情形下，選出適合的產品。挑選出刀具之後，就可依照型錄上建議的切削條件開始加工。也許也會發生自己常用的機台無法依照建議條件切削，最好先設定好一個規則，譬如把建議的切削條件下降幾％來加工。

　　如果能留意到這點，工具就不會突然耗損。不過，必須注意的是工件、工具的安裝鋼性。端銑刀要用最小的懸伸長度去安裝。而車削刀具則是要盡可能地縮短懸伸處，以確保鋼性。例如以端銑刀的剛性為例，若懸伸量增倍，變形量就會增加8倍之多。另外，如果變粗2倍，變形量就會變小16倍（**圖6-17**）。

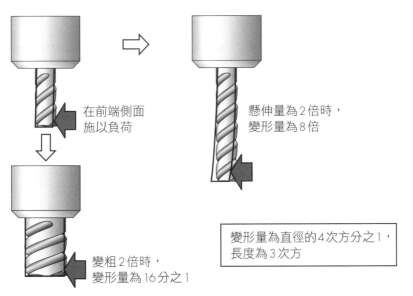

在前端側面施以負荷

懸伸量為2倍時，變形量為8倍

變粗2倍時，變形量為16分之1

變形量為直徑的4次方分之1，長度為3次方

圖6-17　刀具的剛性

此外，工件在夾持時也要盡可能地提高剛性，夾爪若不牢固或無法確實夾持時，最好以降低條件（減少切深量、降低進給）之類的方式觀察其狀態。

試加工後如果完全沒有問題，再檢討是否要增加速度，或是觀察其磨耗狀況思考無法順利繼續加工時的對策。可能發生的異常整理在**表6-7**。如同此表所示，建議針對發生的現象調整加工條件。如果怎麼調整都無法順利加工時，很多時候直接更換刀具要比繼續追根究柢來得快。

表6-7　各種異常及其對應方法

異常	回轉速度	進給速度	切深量	備註
摩損、崩口	↗	↘	—	
顫振、異音（高音）	↗·(↘)	↗·(↘)	—	共振時，移開共振點多數會變好，增加切深量及負荷雖有安定的效果，但精度標準也會變嚴格。
刀具變形（有空隙、傾斜）無法達到精度	—	—	↘	若無法藉由改善切深量，可檢討是否改變刀具。
表面粗糙度差	—	↘	—	
毛邊過大	—	↘	—	
發生磨耗的時間異常地早	↘	↘	—	依材料不同而有不同的效果。一般來說，更換刀具會比較快。
黏著	↗·(↘)	—	—	常會以提高回轉速度的方式解決，但大部分會受限於機台狀況，其實降低轉速也可達到同樣效果（降至不會黏著的溫度）。

↗ 提高　↘ 降低　—不變

要導出切削條件無疑需要習慣與經驗，不過也是有加速學習的祕訣。首先要鎖定刀具廠商，從中選出刀具試用。如此一來，就能建立一個針對特定廠商要設什麼加工條件的規則，看到任何建議的加工條件，也能慢慢清楚自己公司的機台要如何去對應。掌握到各廠商特性，就能漸漸讀懂加工條件，即使之後使用不同廠牌的刀具也能掌握不同廠商的特性。如果達到此境界，光看廠商的型錄就能想像套用在自己公司會是什麼情形。

6.4 切削液

切削液有著冷卻、潤滑和排出切削粉塵的功用。**圖** 6-18 彙整的是切削液如何對應不同性質的切削，其中也包括不使用切削液的情形。

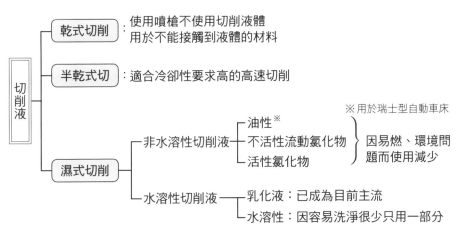

圖 6-18　切削液的種類

專業的加工者在切削液體領域雖然持有各式各樣的技術訣竅，但實際上不太有可以測試切削液的環境。如同前面所敘述，很多時候會受限於既有的設備。此外，近年針對有害物質的規範變得嚴格，能使用的物質也變少。

　　最近，乳化型的水溶性切削劑漸漸蔚為主流，至於水溶性切削液，各個廠商所販賣的商品也是琳瑯滿目，因此要調查不同的產品會使加工有什麼程度的改變不是件容易的事。不過更重要的是，要能確實活用性能良好的冷卻液，其管理方法如下：

● 濃度適合
● 沒有不純物混入

　　此外，切削時須留意的重點列舉如下：

● 確保流量適中
● 確實接觸到切削點

　　另外，乳化型的水溶性切削液，若疏於維護會腐敗變臭，雖然有因人而異的情形，但其味道是難以忍受的惡臭，也是使年輕人離開加工現場的原因之一。希望能留意定期的維護作業不要偷懶。

7章

實作！精密切削加工

　　本章將以前面幾章所介紹的內容為基礎，舉筆者實際在零件加工時遇到的實例詳細說明。本章準備了四個具體的案例，重複的說明將會省略。加工方法會隨既有的設備而有所不同，這裡將會以持有下列加工機、量測儀器為前提來做說明。

● 加工機
- 轉塔型NC車床
- 齒梳刀架型NC車床
- 中心加工機
- 桌上型車床（檯式車床）
- 切斷機

● 量測儀器
- 數位游標卡尺
- 分厘卡
- 影像量測儀
- 投影機
- 螺紋用極限量規
- 塞規組
- 表面粗糙度量測儀

- 千分錶
- 數位指示量錶

　　製造產品時，一開始的工程便是判讀圖面。加工者往往會輕忽了尺寸公差以外的項目，如此一來便不可能有良好的加工效率。第2章已有詳細介紹判讀圖面時的重點，可再回頭參考。本章因書籍尺寸的關係，會省略圖框。

7.1 案例1（外徑加工、內徑加工、螺紋加工）

- **使用材料**：SCM415
- **使用機械**：第1工程　附有送料機能的轉塔型車床
　　　　　　　第2工程　轉塔車床

＜重點＞

●決定加工工程

　　第1工程是由圖面（**圖7-1**）的右側開始加工，先切斷；然後第2工程則是於切除端的端面做精加工。圖面上可看到有標示偏擺的幾何公差，表示A處在軸上旋轉時，有標示幾何公差處的偏擺要控制在0.03mm以內。為了要更容易地滿足此處的幾何公差，可將A處與指定幾何公差處於第1工程一併加工。此外，有些全自動加工的機台可再細分出幾個工程，省去人為的操作。

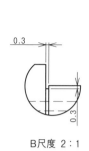

B尺度 2:1

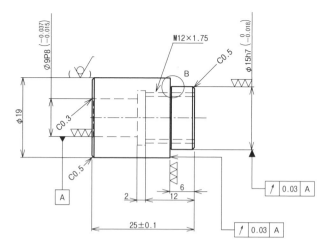

圖7-1 案例1的圖面

●決定材料

　　如果考量要降低成本，雖可用 φ19的棒材加工，但其實很多素材的完工面都會有傷痕，而且素材與切削處的同心度也不盡相同。本案例的切削處沒有規定幾何公差，當然能精確是最好。這裡其實也可考慮用材料費低廉的鐵系素材，用 φ20的棒材去加工。

<加工工程>（圖7-2）

【第1工程】

　　首先，用外徑刀具加工右側的端面和 φ15h7處，若刀片的狀態變差，尺寸的維持和表面粗糙度這兩方面都會不佳，可藉由分別做粗加工和精加工以提升效率。粗加工方面，可採用切屑處理效果優異的斷屑槽，防止切屑纏繞引起的異常。即使刀片有所消耗都不會對精加工有所影響。

　　接下來，要用中心鑽加工中心孔，中心孔有將鑽頭導引至孔中心的功用，如果沒有鑽出中心孔，突然用鑽頭在平面上加工，很可能會加工出歪斜的孔。孔的內徑如果用鑽頭加工就能達到精度要求，用鑽頭加工完即可結束；如果只用鑽頭無法達到精度要求時，就必須再用其他刀具加工。

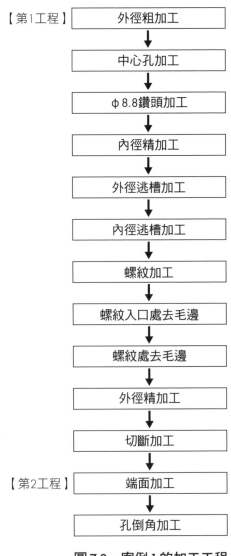

【第1工程】　外徑粗加工

↓

中心孔加工

↓

φ8.8鑽頭加工

↓

內徑精加工

↓

外徑逃槽加工

↓

內徑逃槽加工

↓

螺紋加工

↓

螺紋入口處去毛邊

↓

螺紋處去毛邊

↓

外徑精加工

↓

切斷加工

↓

【第2工程】　端面加工

↓

孔倒角加工

圖7-2　案例1的加工工程

　　就本案例來看，估計只用鑽頭加工並無法達到 $\phi 9P8^{-0.015}_{-0.037}$ 或表面粗糙度的要求，所以需要預留空間給搪孔刀具做內徑精加工。要預留的空間大小，請依現有的同系列鑽頭外徑或是下個刀具的切削量做考量。本案例會使用搪孔刀具單邊切削0.1mm（外徑0.2mm）左右，再用 $\phi 8.8$的鑽頭加工。

在鑽頭加工時，需要特別注意鑽頭務必要在主軸的中心，如果偏離中心，孔會鑽得過大。鑽孔加工後，會再用內徑搪孔刀具精加工鑽完的孔。至於裡面的螺紋，M12的6H等級（舊制JIS 2 級）因為規格是10.11～10.44，可先加工出該範圍的尺寸。

搪孔刀具的外徑細，因伸出量愈長，將導致刀具的偏擺也跟著變大，所以要盡量選用外徑粗的工具。但是伸出量也不可過長。不過，如果物品的最小加工外徑非常小，會引起惡劣的粉塵和毛邊，嚴重時連搪孔刀具也有可能折損，所以選用的尺寸要能預留出適當的空間。外徑／內徑的溝槽部分，可用各自對應的切溝工具加工。

為避免 φ9的螺紋處產生傷痕，可採用螺紋加工（不使用螺絲攻改用車刀車螺紋）。因為是M12的粗螺紋，可用螺距1.75的車牙刀具加工。車牙的切深量可參考刀具型錄的切深量，切削多次。因顫振無法切削出完美螺紋時，減少1次的切削量大多可順利解決。車牙加工後，入口處會跑出加工毛邊，所以會於入口處再施行倒角加工以去除加工毛邊。但此舉又會導致螺紋處跑出毛邊，所以需要再次做車牙加工。外徑加工因為可預留的空間少，需要選用適合的刀片做外徑加工。鑽孔加工或車牙加工時，可能會因應力導致外徑膨脹，所以順序為鑽孔、車牙之後再做外徑精加工。

最後第2工程，會使用切斷工具切除加工端面時所預留處。切斷工具雖可加工端面，但卻難以確保表面粗糙度與尺寸，所以會需要頻繁地交換刀片，工程數及刀具費用的效率都會變差。本案例因 φ9孔的倒角是在第2工程加工，同時施行端面的精加工效率會比較高。

【第2工程】

用外徑刀具加工左側的端面，使用倒角刀具加工 φ9孔的倒角。

＜工程檢測＞

●全長或外徑

因公差範圍為0.1，使用單位顯示可到0.01的數位游標卡尺來測量。

● φ15h7$^{\ 0}_{-0.018}$ 處

因公差範圍為 0.01，使用單位顯示可到 0.001 的分厘卡來測量。

● φ9P8$^{-0.015}_{-0.037}$ 處

能通過 φ8.963 的環規且無法通過 φ8.985 的環規，就可判定合格。沒有環規時，可使用影像量測儀等其他的方式，製作量具也是方法之一。

●溝槽寬度、倒角

以影像量測儀或投影機等儀器測量。

●偏擺

於 φ9 的孔插入塞規，在維持該狀態的情況下，用指示量錶接觸塞規，測量產品旋轉時的偏擺。雖然是簡單的量測方法，如果加工時未讓材料有過大的偏擺，幾何偏差應該會近乎於零，用此方法判斷就十分足夠。

●表面粗糙度

用表面粗度儀量測指定部位的表面粗糙度。

●M12 處

使用螺紋用極限量規，量測是否通端可通過且止端不通過。JIS 雛規範轉入止端以 2 圈以內為限，但如果螺紋加工良好，轉入 1 圈左右應該就會轉不進去。再用塞規量測內徑，6H 等級（舊制 JIS2 級）則要檢查內徑是否在 10.11 ～ 10.44 的範圍內。螺紋的有效深度是量測螺紋規轉入的深度。

7.2 案例2（高精度孔加工、攻牙加工）

- 使用材料：SUS 304　10×6的棒材
- 使用機械：第1工程　切斷機

　　　　　　　第2～4工程　中心加工機

＜重點＞

●決定加工工程

於第1工程切斷材料，第2工程加工 ϕ6和 ϕ4的孔以及M4側及其對面的端面。第3工程進行M4處的攻牙加工，第4工程加工 ϕ6和 ϕ4的倒角（第2工程的內側）。孔的位置和尺寸因為加工容易，可與左右端面在同一工程加工。

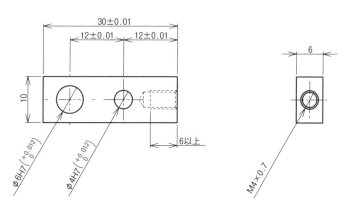

圖7-3　案例2的圖面

●高精度孔的加工方法

H7的孔僅用鑽頭加工非常困難，在此介紹有精度要求的孔加工法，即為使用鉸刀以及端銑刀的方法。

〈加工工程〉（圖7-4）

【第1工程】

最終尺寸為30，而之後的工程需要預留0.2的加工空間，所以切取30.2的棒材。

【第2工程】

$\phi6$與$\phi4$的加工方法一樣，這裡以$\phi6$做為說明。

使用鉸刀時，最重要的是前導孔的加工。即使是使用同一個鉸刀，預留的空間若改變孔的精加工尺寸也會變大。本案例因為內徑需預留0.02，故以$\phi5.99$的鑽頭加工前導孔。

使用端銑刀時，因為是藉由端銑刀循序擴大來做孔徑的精加工，該孔會比精加工的尺寸小。本案例$\phi6$與$\phi4$的孔都是用$\phi3$的端銑刀，前導孔是使用$\phi3.5$的鑽頭鑽孔，端銑刀選用$\phi3$的原因是可縮短準備刀具、交換刀具的時間。如果整體的時間或成本效益，比起準備刀具、交換刀具的時間來得高，可個別使用不同的刀具加工$\phi6$與$\phi4$孔。

為了能滿足孔位置的尺寸公差，此工程還會在M4端面及其對面進行加工。

【第3工程】

中心孔加工會使用90度的中心孔鑽，同時會在鑽孔時順帶做M4處的倒角。於鑽孔加工時，M4P0.7的內徑為6H等級的情形，因範圍在$\phi3.25$～$\phi3.42$，會選用外徑$\phi3.3$～$\phi3.4$的鑽頭。此外因為M4的有效深度需為6以上，前導孔的有效深度必須超過6。只不過超過10以上就會干涉到$\phi4$的孔，所以鑽頭前端必須比10短一些。

至於攻牙加工，因為是不銹鋼的盲孔，會使用螺旋絲攻，有效深度若為6以上，通常攻牙的前端為吃入部，因為該處為不完全牙，所以必須攻得更深。本案例為不干涉$\phi4$的孔，所以連前導孔的深度也有限制，攻牙無法攻得太深。像這樣的情形，可先用砂輪機之類的工具磨除前端來對應。

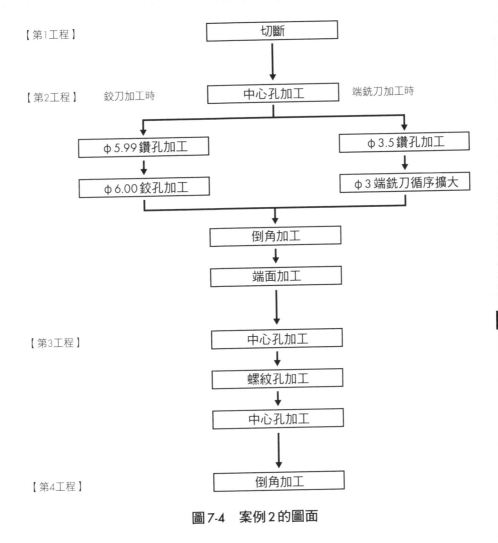

【第1工程】 切斷

【第2工程】 鉸刀加工時 中心孔加工 端銑刀加工時

φ5.99鑽孔加工 φ3.5鑽孔加工

φ6.00鉸孔加工 φ3端銑刀循序擴大

倒角加工

端面加工

【第3工程】 中心孔加工

螺紋孔加工

中心孔加工

【第4工程】 倒角加工

圖7-4　案例2的圖面

【第4工程】

　　施行 φ6與 φ4的倒角加工。

＜工程檢測＞

●10×6處

　　因公差範圍為 ±0.1以上，使用單位顯示能到0.01的數位游標卡尺來測量。

● 30±0.01 處

因公差為 ±0.01，使用單位顯示能到 0.001 的分厘卡來測量。

● M4×0.7 處

使用螺紋用極限量規，量測是否為通端可通過且止端不通過。JIS 雖規範轉入止端以 2 圈以內為限，但如果螺紋加工良好，通常轉入一圈左右就會轉不進去。接著用塞規量測內徑，6H 等級（舊制 JIS2 級）要檢查內徑是否在 3.25 ～ 3.42 的範圍內。螺紋的有效深度，則是量測螺紋規轉入的深度。M4 的位置則是用投影機等儀器檢測，圖面上雖無標示尺寸，但可測量是否在 10×6 的中央處。

● φ6 處（φ4 處）

檢查是否可同時通過 φ6.00（φ4.00）用的量規且不通過 φ6.012（φ4.012）的量規。因有時客戶對「通過」、「不通過」的定義會有差異，最好事先確認。此外孔也可能發生傾斜，可試著把量規放入孔內檢測。孔的位置則可用投影機等儀器檢測。

7.3 案例3（困難的內徑加工案例）

● 使用材料：A5056 φ26
● 使用機械：第1工程 附有送料機能的轉塔型車床
　　　　　　 第2工程 齒梳刀架型NC車床

<重點>

●決定加工工程

　　第1工程由圖面（**圖7-5**）左側開始加工，進行切斷，第2工程再於切除側的端面進行精加工。因端面的平行度為0.005，所以於第1工程精加工過後的端面，與第2工程的夾爪精度就變得很重要。如果第1工程的端面有達到平面度，而第2工程的平行度未達到時，可將夾爪稍微磨整後解決。

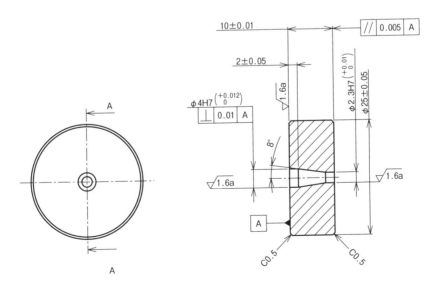

圖7-5　案例3的圖面

●錐度加工

若同本案例筆直處與錐度處相連的地方有標示尺寸時，即使按照計算出的路徑來加工，結果也不一定會與原本計畫的完全吻合，這是因為計算用的刀尖R角與實際R角不一致的關係。因此，以下將介紹如何藉由掌握刀尖R的尺寸加工出正確的尺寸。

●<加工工程>（圖7-6）

【第1工程】

首先以鑽孔加工開始，用中心鑽鑽孔。再來，因為孔的最窄處為φ2.3（+0.01/0），故單邊各預留0.05的精加工空間鑽出φ2.2的孔。接著，因內徑精加工時需要清除切削屑，為了盡可能減少預留空間，會用到φ3.9的鑽頭。孔深為2.0大約是鑽肩的長度。

內徑精加工的重點在錐度加工的起始處。即使軌跡相同，隨著搪孔刀刀尖R角的不同，錐度起始處也會變得有所不同；也就是說，如果無法正確地掌握刀尖R角，就無法加工出目標尺寸。

即使是新刀具，刀尖R角也會有誤差，同時也會隨加工磨耗等因素產生變化。那麼，該如何做才能正確地掌握刀尖R角尺寸呢？有一個方法是由倒角的大小來反推，若能推算出刀尖R角尺寸，就能再藉由補正來加工出正確的尺寸。

端面加工會有的異常情形為中央隆起以及表面粗糙，像這樣的情形，有效做法是加大刀具的後刀角。此例為同時滿足直角度與表面粗糙度，會使用後刀角大的刀具。

【第2工程】

一邊留意平行度一邊加工端面，並將孔倒角。

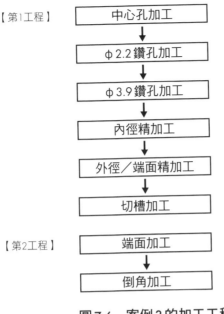

【第1工程】　中心孔加工

φ2.2鑽孔加工

φ3.9鑽孔加工

內徑精加工

外徑／端面精加工

切槽加工

【第2工程】　端面加工

倒角加工

圖7-6　案例3的加工工程

＜檢測工程＞

●全長或外徑

　因公差範圍為0.01，使用單位能顯示到0.001的分厘卡來測量。

● φ4處的長度（2±0.05）

　切分成兩半，用影像量測儀量測。這裡最重要的是要精確地量測 φ4 孔與錐度的交界處。因為角落會殘留刀具前端的R角，故也需將其考量進去。用塞規伸入測量時，因為只有塞規倒角部分的大小可伸入，實際上無法量測到0.05。

●直角度

　將塞規插入孔中，用影像量測儀量測直角度。

●平行度

　用數位指示量錶量測端面各處的高度。

●錐度角度

　切分成兩半，用影像量測儀量測。需要正確地切分成兩半，否則無法

量測出正確的角度。

●表面粗糙度

用表面粗度儀量測指定部位的粗糙度。

●孔徑

用塞規量測。

●C面

用影像量測儀或投影機量測。

7.4 案例4（材料加工困難加工數量又多的案例）

- 使使用材料：SUS440C ϕ7
- 使用機械：第1工程　瑞士型NC車床
- 加工數量：10,000個

＜重點＞

●決定加工工程

於第1工程用瑞士型NC車床加工。

●隨加工數量不同加工方法也會不同

即使加工同樣的產品，加工數量不同其加工方法也會跟著改變。數量多時，即使要花上一些時間去做設定，能不費工夫地從頭加工到尾就是理想狀態。相反地，如果數量少，即使加工上會有些不便，還是以縮短設定時間為優先。

此外數量多時，隨著機台的升溫狀況或刀具磨耗等因素，尺寸會漸漸發生變化，這時候就必須事先留意。如果平時未能事先掌握溫度變化後的機台狀況，就無法進行高精度加工。同時刀具磨耗也與尺寸變化息息相關，最好在刀具補正時先記錄下來。

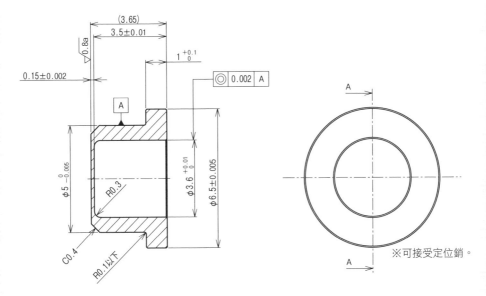

圖7-7　案例4的圖面

※可接受定位銷。

●硬材加工

　　SUS440C比SUS303和S304硬，屬於不易加工的材料。因發熱會導致材料硬化，所以重點在於要盡量抑制發熱。

〈加工工程〉（圖7-8）

　　雖可減少刀具，但為了減少每支刀具的負荷，會盡可能的使用多一點的刀具。

　　首先，會先鑽一個中心孔以利後續鑽孔加工。下一步的鑽孔加工，因為精加工後的內徑是 $\phi 3.6^{+0.01}_{0}$，雙邊會各預留0.1，使用 $\phi 3.4$ 鑽頭加工。鑽頭材質因考量到連續自動運轉的關係，會選用超硬鑽頭。若選用高速鋼材質，磨耗發生時會因發熱而導致材料硬化。超硬鑽頭雖易崩口，但不易磨耗。此外，為使粉塵不易摻入，使用深孔用鑽頭大多有不錯的效果。

　　因為各廠商的鑽頭種類琳瑯滿目產品齊全，如果一加工就折斷導致後續加工作業無法順利進行時，試著改用其他種類的鑽頭，會比修改加工條件的方法好。

167

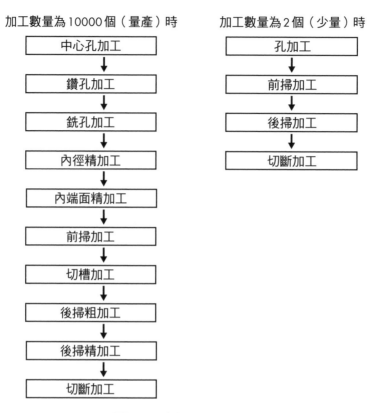

加工數量為10000個（量產）時

中心孔加工
↓
鑽孔加工
↓
銑孔加工
↓
內徑精加工
↓
內端面精加工
↓
前掃加工
↓
切槽加工
↓
後掃粗加工
↓
後掃精加工
↓
切斷加工

加工數量為2個（少量）時

孔加工
↓
前掃加工
↓
後掃加工
↓
切斷加工

圖7-8　案例4的加工工程

　　本案例的銑床加工並不會用端銑刀去銑削，而會採用車削工法車孔。因為孔的底部平坦，在鑽頭肩部可及處會使用平銑刀加工，為確保R角在0.3，會使用 φ3的平銑刀。

　　於銑槽加工時會使用3刃的端銑刀，加工時需要留意的是，如果端銑刀的刃部全都與工件接觸將使端銑刀折損，同時刀刃固定處劣化的風險增高，所以加工深度到鑽頭中心有輕微殘留的加工痕跡程度即可。孔的中心處雖可用1支搪孔刀去做精加工，但因本案例加工數量多，考量到刀具固定刀刃的地方，內徑精加工與內側端面精加工的刀具必須分開使用。因尺寸規定嚴格，所以選用標準是容易加工的刀具。加工時為抑制刀具的振動，雖然選用外徑粗的刀具較好，但考量到粉塵的清掃問題，最好還是使用某種程度上能預留一些空間的外徑工具。

接下來，用前掃工具來精加工孔附近的端面以及外徑突出處。$\phi 5_{-0.005}^{0}$ 處進行粗加工的切溝加工。後掃工具雖然非常擅長於橫向作動，但在垂直作動方面卻很弱，所以會先用切溝刀具進行粗加工。藉由區分刀具，也可使切屑不易發生纏繞。$\phi 5_{-0.005}^{0}$ 這個尺寸規定相當嚴格，為使尺寸穩定，必須分別使用粗加工用及精加工用的刀具來加工。因為 R 角為 0.1 以下，後掃精加工刀具會使用 R0.1 以下的刀具。

最後加工要用的切槽工具雖有左右手兼用的，但刀具如果固定不佳，插入產品側會造成全長尺寸確保不易，同時也會因加工負荷導致影響到內端面的平坦度，導致危險性變高。為了盡可能不在縱向施加力量，最好使用未分左手刀右手刀的切溝工具。

加工數量少時，減少設定時間會優於減少固定刀具或加工的時間。使用多一點刀具雖有助於維持刀具壽命，但要正確地設定好各工具會耗去大量工時。此時可減少刀具數量，以縮短設定時間。量產時的孔加工雖然會使用到 5 支刀具；加工數量少時，可使用 1 支搪孔刀將孔距做刻細加工。後掃加工也是同樣使用 1 支後掃刀具加工，雖然加工時間較為耗時，但是能大幅縮減設定的時間。

<工程檢測>

加工數量多時，隨著加工情況變化尺寸也會產生變化。客戶若有指定檢查頻率就遵照客戶指示檢查；沒有指定時也要依尺寸變化的程度，固定每幾個數量就檢查一次。

●全長或外徑

因公差範圍在 0.005，使用單位能顯示到 0.001 的分厘卡來測量。

●孔徑

用塞規量測。因尺寸為 $\phi 3.6_{0}^{+0.01}$，能通過 $\phi 3.60$ 的塞規且無法通過 $\phi 3.61$ 的塞規就是合格的。此處需要注意通端塞規的接觸狀況，這是因為錐度或橢圓這類無法直接量測的幾何偏差，如果一有誤差，在接觸通端塞規時往往可感受到一股莫名的不協調感。

●0.15±0.002 處

用數位指示量錶量測，探針要盡量使用細長的，因為如果要測量多個

地方時，無論哪個地方都能檢測是否有滿足公差。

●突出處的厚度

因公差範圍為0.1，使用單位能顯示到0.01的分厘卡來測量。

●C面、R角

用影像量測儀或投影機量測。

●表面粗糙度

用表面粗度儀量測指定處的粗糙度。

●同軸度

用V型枕之類的東西支撐基準面，在產品旋轉的狀態下以千分錶接觸並量測指定部位的數值。

●幾何偏差

因較薄的壁厚可能會變形，必須注意幾何公差是否有誤差。若誤差大時，就需要注意依不同量測方法量測出的數值可能有很大的差異。

8 章

品質是公司的綜合力量

　　以精密切削加工為主業的製造業，被客戶要求「品質管理」是很常見的事。通常在雙方開始交易前，就會遇到像是「是否有通過ISO認證？」、「請提出QC工程圖」、「品管員有幾位？」之類的詢問或要求。而針對這些問題，如果只是回答「本公司的品質很可靠」這樣主觀的評斷，想必無法輕易得到客戶認同。

　　目前許多企業已取得ISO9001（JIS Q 9001），對於回應以上需求十分有幫助。但是ISO9001除了這點以外就沒有其他優勢了嗎？話說回來，本質上的品質管理到底是什麼呢？拿近年造成話題的牛肉產地不實的新聞來看就可理解，品質是包含上至經營者下至現場作業員的整體力量，可被視為一種文化。本章將以實務上遇過的案例進行說明。

8.1 什麼是品質？

「品質」到底是什麼呢？JIS中的定義為「集結原本所具備的特性，針對規定事項能達到的程度」。也就是說，產品能符合規格到什麼樣的程度稱做「品質」。

決定規格的是顧客，而最後判斷品質的好壞也是顧客。換句話說，品質也可說是客戶滿足的程度（**圖8-1**）。

$Q = q + c + d\ (+e)$

    Q：廣義的品質＝顧客規定事項

    q：狹義的品質＝零件或產品是否有依照圖面或規格書完成？

    c：成本＝是否有滿足顧客所要求的成本？

    d：交期＝是否有滿足顧客所要求的期限、交期？

    e：eco＝：是否能因應環境問題？

圖8-1　何謂品質

而最近常聽到的「品質經營管理」到底又是什麼呢？在說明這個詞彙前，請大家試著想一下「品質管理」。品質管理的英文為QC（＝Quality Control），依據檢查結果排除不良（未符合客戶規定事項）產品的「品質檢查」，以及將該品質檢查方法確實納入組織架構、制定讓不良品慢慢減少的方法，同時不只是品檢員，在某種程度上有組織性地對應品質的方法，就形成了「品質管理」。

相對之下，所謂品質經營管理一詞就強烈包含著，是連同經營者在內的整體組織持續進行品質提升的意涵。而下**圖 8-2** 雖然不見得是完全正確的定義，但不失為一個容易理解的說明。

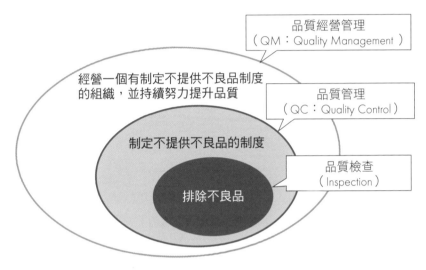

品質經營管理
（QM：Quality Management）

經營一個有制定不提供不良品制度
的組織，並持續努力提升品質

品質管理
（QC：Quality Control）

制定不提供不良品的制度

品質檢查
（Inspection）

排除不良品

圖 8-2　什麼是品質經營管理？

很多情況會將品質管理和品質經營管理等同視之，這並不是有錯誤理解，而是逐漸將品質管理一詞從 QC 詮釋為廣義的 QM。而將此品質經營管理列舉為必要規定事項的國際規格就是 ISO9001（品質經營管理系統：規定事項）。

筆者的公司雖早在 2006 年就已聽過 ISO9001，但客戶沒有特別要求認證，所以也就不以為意。但隨著業務推展，客戶數量急遽增加，各形各色的客戶開始以各種形式要求提出關於品質管理的文件。事實上，如果已經取得 ISO9001 認證，就會知道很多客戶要求的文件規格已囊括在 ISO9001裡面。

其實以前就已有對應過嚴格要求品質的客戶經驗，當時先將公司針對品質方面的做法做成手冊，再以其為基礎，依據 ISO 規定事項針對不足的部分思考要以什麼樣的程序補足。如果能順利推展，原本公司所施行的做

法，就沒有必要大肆更動，而是自然而然地往ISO的規定事項推展。而且因為得以重整一些做法模糊不清之處，混亂因此得以減少。

因為順利取得ISO9001認證，公司更在2年後取得在ISO9001中再追加針對航空、太空產品規定事項的JIS Q9100認證（**圖8-3**）。這類的產品規格規定事項更多，雖然有無取得認證和製造飛機零件並無關係，但因為是客戶要求，所以就順水推舟的推展下去。演變至今已成為品質經營層面上的一項利器，也有助於銷售。

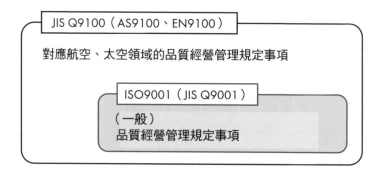

圖8-3　JIS Q9100規定事項

在此將取得ISO9001認證的優點、缺點整理於**表8-1**，供今後想取得的讀者參考。

表8-1　取得ISO9001認證的優缺點

	優點	缺點
於公司內	・比起自行摸索，納入已國際標準化的架構，更能有效率地建構管理體制	・需花費成本 ・太過標準化導致沒效率
於公司外	・獲得信任 ・藉施行最低限度的確認，雙方可就品質保證達成共識	・比起沒有取得認證的狀態，外界的檢視會變嚴格

8.2 工廠實際內部的品質管理

那麼筆者的工廠在進行精密切削加工時，是如何進行品質管理的呢？
接下來，就循著工程的脈絡（**圖8-4**）用具體事例來說明。

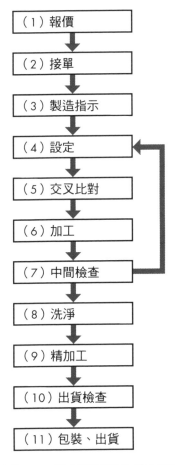

圖8-4　精密切削的作業工程

（1）報價

　　報價看似與品質沒什麼關係，實際上卻是非常重要的程序。在此階段，如果沒有正確地掌握客戶的要求，就會招致意想不到的麻煩。舉例來說，客戶用傳真傳來圖面，只針對何時交貨需要多少數量就用低廉的價格報價出去，到最後發現產品必須全數檢查，且材料必須要有鋼材證明時，才知道當初未仔細確認客戶的要求，結果演變成必須不斷承受損失。

　　報價時，至少需要完全掌握圖面上所寫的規定事項。接著，確認除了產品之外是否需要提供其他文件？包裝上是否有特殊指示？是否有抽檢數量？是否能特別採用？盡量連細節都先掌握。另外，通常這類的指示很多都是客戶口頭上告知，務必要將這類資訊做成書面形式留存，例如詳細規格書（**圖8-5**），以便日後可在公司內部流通共享。

（2）接單

　　報價若能順利滿足客戶需求就能得到訂單。雖然近幾年口頭下單的情形有減少，不過模糊不清的訂單資訊同樣也會招致意想不到的麻煩。接單時，最好將正式的圖面號碼、改版（修訂）號碼、附加資訊（規格書）、數量、交期、價格等必要資訊全都先整理好。產業的屬性不同，所需的最低限度資訊也有所不同，公司內部最好事先統一。

　　此外，在適用分包法[※]的情形下，為了避免某方的強迫接單，接到訂單時就要用確認接單通知單回覆對方。針對客戶要求的無理交期，回覆實際上可執行的交期；不過相對的，必須嚴格遵守自己所回覆的交期。

（3）製造命令

　　確定接單後，公司內部差不多就要向製造現場下達製造命令以生產產品，此指示就稱為製造命令。

　　製造命令上面一定有包含客戶傳來的訂單資訊（圖面、數量、交期），

※：日本《分包法》的全稱是《防止推遲支付分包資金等的法律》，日本學者俗稱為《下請法》，是日本競爭法的主要法律之一，與《禁止壟斷法》同樣由日本公平交易委員會行使執法權。

訂單產品規格書

本公司紀錄欄		客戶紀錄欄		初版制定日	
製表人	審核者	聯絡人	審核者	版次	
				改版日	
				最新版	
				修正處	

客戶名稱		公司	圖面號碼	
			品名	

材料規格	～是否可用替代材料？是否有指定材料？等

替代材料	可（材料名稱　　　　　　　　　　）　·不可

（其他協議事項）

公差	～尤其是目標公差、應注意的公差處、螺絲鬆緊基準等

指定公差處								
指定公差								

（其他協議事項）

特殊形狀規格	～形狀可與圖面指示的不同時　（例）逃槽等

（其他協議事項）

表面處理規格	～可代為處理或是有指定鍍層厚度等

（其他協議事項）

其他圖面外的規格	

（其他協議事項）

· 本文件用於與客戶協議確認圖面上未記載之事項。
· 規格書中所記載之協議事項若要變更，請重新改版發行並再確認。
· 藉由管理版次，日後即可搜尋檢索協議事項變更紀錄。

圖8-5　規格書範例

除此之外，裡面還需要有公司內部製造此產品的順序、製造方法、製程等資訊。如果是有經驗的師傅，可1人全部完成的產品或許不用製造命令直接拿圖面和產品給他就可以解決，但如果是工序多又複雜的產品就不能這

製造命令單（機械精加工）

製令單號	0016675		訂單號碼	5003729		客戶交期	10/10/10		発行日付 2010/09/09

圖號		加工別	版次	品名		客戶名稱		儲位編號	材料No.
TEST		001	00	測試資料		公司內部			

客戶訂單號碼	產品號碼	備料號碼No.	數量		預定製造數	製造日期	製造量	測試資料
TEST Data			10			10		

No.	工程名／內容	設定	加工	作業日	作業時間	負責人	不良數量	備註
1	NC加工 LCS	2.00	0.17					客戶提供材料
2	中心加工機	1.50	0.11					
3	洗淨	0.08						
4	去毛邊	0.08						
5	精加工洗淨	0.17						
6	中間檢查	0.25						
7	軟氮化 外包）（股份公司）○○							需要證明書
8	出貨檢查	0.25						
9	包裝	0.08						

備註
□自動機台裡的快速截取務必要在10mm以上。
□用來做設定以及調整尺寸的工件，請務必在設定和調整後丟棄。
□務必在粗框內填入各負責人。自動機台為循環時間，其他為總計時間(小時：H，分：M，秒：S)

圖8-6　製造命令單範例

樣做。使用哪台機台、用怎樣的順序生產、何時由誰去作業、有多少產出量，這些都需要藉由具體的指示，才有可能穩定地生產。舉個例子，筆者所使用的製造命令單的一部分如**圖8-6**所示。

ISO9001的規定事項中，有要求「追溯能力（可追溯性）」。在之後發生異常時，可藉由事先紀錄的何時、何人、哪個機台、如何製造的資訊，同樣的異常品可抑制流出，同時也可釐清原因預防再次發生。為了能確保製造命令單的追溯能力，最好確實留下製造紀錄。此外，以製造命令單的做法來說，最好能從以往的資料檢索同樣產品，確認過去是否有發生不良並將資料一併附上。如此一來，即使負責人員異動，也能避免相同產品再次發生同樣的不良情形。

(4)生產安排

對現場來說，下達製造命令後，現場人員就會依循該命令準備進行加工產品，將材料架設到機台上、設定NC程式、準備治具，這種種的行為就稱做生產安排。

所謂生產安排，是從一開始產品在工程中的加工成形到量產開始為止的過程。如果是複雜的產品，加工同樣形狀的程序就必須重覆好幾次，並進行調整。長工件從一開始加工到成形甚至有可能花上一個禮拜的時間。

在生產安排上需要留意的是，不能將形狀和成品相似但尺寸錯誤等待調整中的製品與完工品混在一起。此外，製作產品的材料為價格昂貴或是由客戶提供的情形，會使用與實際成品完全不同的材料來做練習。因為一旦使用了外觀非常相像的材料，若又混入完成品，就會發生混料的異常，嚴重時可能會導致致命性的發展，其實是非常危險的事。如果備料時不得已要使用不同材料，就必須使用顏色有明顯不同（例如不銹鋼的備料就用黃銅）的材料。

（5）交叉確認

生產安排的階段結束後，此時應加工的形狀也已成形，就開始進入連續運轉（量產）的階段。對擔任生產的作業人員來說，背負著產品量產出錯的風險一定相當恐懼，所以會做好幾次的確認。但也有確認了好幾次卻還是出錯的情形，而導致猶豫不決遲遲無法開始。

所以在此項工程，會建議由第三人（可以的話可請品保人員）而非擔任生產的作業人員來交叉確認。藉由品保員在此階段的交叉確認，最終檢查也進行同樣等級的檢查，客戶所規定的產品規格在每個工程的起始階段都能確認是否符合要求，這些程序就防止不良的架構來說效果顯著。而一旦量產下去還需要經過好幾道工程，如果到最後的出貨檢查階段才發覺異常，將會造成極大損失。在筆者工場的運作方式是每一道工程都會徹底執行交叉確認，沒有檢查人員的確認不得開始量產。

（6）加工

接著終於要進入實際的加工。產品經交叉確認無誤後，擔任生產的作業人員想必就能放心地按下開始紐，但即使進入連續運轉，發生不良的風險仍高。像是刀具磨耗造成尺寸偏移、環境溫度改變、材料批量改變都有可能導致異常，雖然會因產品而有所不同，但還是需要定期確認產品是否有出現異常。

如果全都交由作業人員確認，也會因人員不同而產生極大差異，所以最好先在製造命令單上指示每加工幾個數量需抽檢一次，若此抽檢的資料能隨時取得，也就能規劃出最適當的抽檢頻率。

（7）中間檢查

一道工程結束移入下一道工程前，必要時最好施行中間檢查。同時最好是針對連續加工時最有可能發生問題的地方進行檢查，並盡量設法不使生產流程中斷。

（8）清洗

重複（4）～（7）的工程，等全部的工程都結束後，必須清洗沾滿切削液的產品，清洗時需要特別留意的地方如下：

- 客戶針對清洗液有無規定事項（尤其有的關心環境議題的廠商會指示禁止使用清洗液）。
- 脫脂洗淨後有無發生生鏽。
- 是否可上防鏽劑。
- 清洗後是否有傷痕。

等諸如此類的事項。實際擔任清洗的人員，很多都是負責輕鬆工作的兼職人員，對他們來說要自行判斷以上所有項目相當困難。所以最好還是在製造指示的階段，事先規定出要用何種清洗液以及用何種方式清洗。

圖 8-7　超音波清洗器

（9）精加工

　　以精密切削零件來說，在最後階段，很多時候都還是必須以手工方式進行去除毛邊、研磨、倒角之類的精加工作業。這雖然是煩人的作業，但實際上對於必須全數檢查的產品，經人員一個一個做精加工的同時也順便做好檢查，也是一種有效率的方式。舉例來說，針對精度要求高的孔，可在去除毛邊的同時，一併用塞規確認孔的內徑精度。此外，最好從平日就開始教育精加工的作業人員，讓他們保有時常確認產品外觀有無傷痕、形狀有無異常的意識。

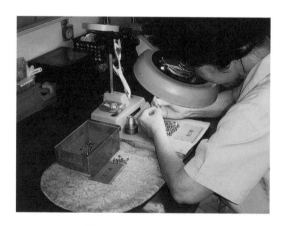

圖8-8　精加工實例

（10）出貨檢查

出貨檢查就是在最後確認產品是否完全滿足客戶的要求，因此責任重大。就如同前面幾章所敘述的，藉由每道工程都做好把關，盡量減輕出貨檢查時的負擔。話雖如此，出貨檢查也不是誰來檢查都可以，而是要找公司內部認定有一定經驗且值得信賴的人員，請他依照規定確實檢查。

出貨檢查不僅是要檢查產品是否完全滿足圖面要求，也必須確認是否有滿足圖面未記錄但客戶有要求的事項。雖然一般會傾向集中由一個人檢查，但無論公司規模大小，最好至少還是由2人來負責檢查。如此一來，當負責人員休假或是突然離職，公司的生產才不至於完全停擺。出貨檢查因為是阻擋不良的最後一道防線，所以非常重要。

圖8-9　出貨檢查實例

（11）包裝、出貨

　　出貨檢查時完美無缺的產品有時也會因為外觀不良被客戶退回。金屬雖硬可耐碰撞，但如果同質性的金屬彼此之間互相碰撞也會有傷痕。重視外觀的產品在包裝時就必須特別留意。尤其客戶有指定包裝方式時，就要遵照客戶的指示；即使沒有指示，針對定期下單的產品，也可留意包裝方法、提供可分裝的回收箱，當客戶端收貨人員實際看到產品的當下，便可感受到用心程度而給予公司很高評價。

　　在購買名牌的配件時，其華麗的包裝或許可用過剩來形容，但收到的人在拆開這些包裝時往往會感到很開心。套用在工業產品，雖不允許有過多的包裝，但如果有兼顧保護產品的聰明包裝方式，收到的客人會覺得非常貼心。所謂品質，就是讓客戶滿意，而包裝也是凸顯品質的重要元素。

圖8-10　包裝實例

8.3 持續改善品質的品質經營管理

在前面小節，依產品的製造順序介紹了公司整體的品質管理。這樣的管理規則要如何建立？甚至於運用時要如何改善規則本身的問題？是否制訂新的規則？這些都是形成組織整體的品質經營管理的內涵。

接下來，就針對改善規則常用的PDCA循環手法來進行說明。所謂PDCA是分別代表下列事項的模組：

Plan：計畫。確立目標並計畫實現目標的達成方法。
Do：實踐。為計畫好的方法做準備（包含教育）以及實施。
Chec：評價。評價實行結果是否與目標一致。
Action：行動。針對評價結果實施必要措施。

藉由P⇒D⇒C⇒A⇒P ……

這樣的循環來持續改善活動。筆者也將此模型體系化，在以ISO9001為基礎的品質手冊中制訂了品質保證體系圖（**圖 8-11**）。

以大方向來說，經營層明確訂立目標（P），帶領全公司實行（D），並在1年1次的經營檢討會議中，由經營層與員工共同確認管理評審結果（C）、並以該結果做為思考下一步的基礎（A）。藉由每年持續實施這樣的PDCA循環，使組織整體成長。

也可得知，比起品質管理的各個細項，ISO9001更重視以上事項。雖然對於是否取得ISO9001有正反兩派聲音，但筆者認為這樣的規則非常好。尤其是可藉由這樣的外部審查，義務性地持續檢討那些在自主檢查時會被敷衍的地方。

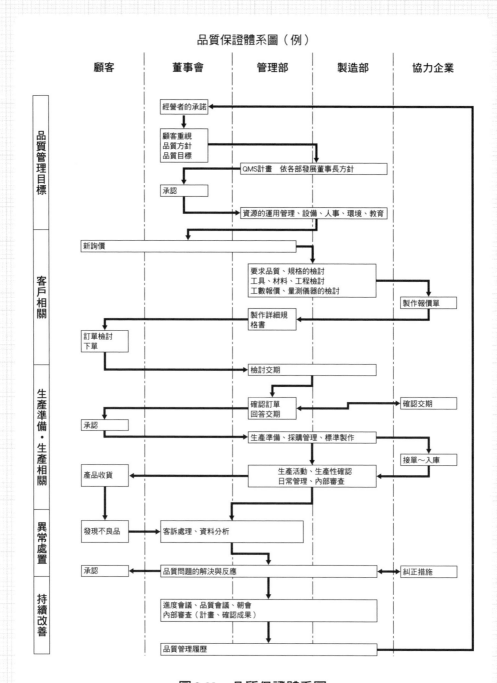

圖 8-11　品質保證體系圖

9章

理解工具機的架構

關於精密切削加工，必須相當了解機械性能。不論如何慎重地寫了程式，如果沒有事先掌握好機械如何作動，表面可能就會產生傷痕或不平整的情形；即使用了宣稱有1μm定位精度的機台，如果沒有考慮到加工中的熱能，便完全無法達到該等級的精度。本章所述的精密加工機械，也是以中心加工機為例，將從各部構造說明控制的規則，以及影響高精度加工的原因。

9.1 工具機的構造

即使是3軸的中心加工機，立式（JISB0105即為立式）和臥式等的機台構造也是五花八門，這裡以加工時最常使用的立式中心加工機來說明。

3軸立式加工機會在X、Y、Z的方向作動，通常Z軸為主軸呈現上下方向，X軸是由作業人員的角度看過去的左右方向，Y軸是前後方向。當要移動此3軸時，針對要由何處移動到何處，機械的構造也會有大大的不同。

中心加工機是由銑床發展而來的，若要再更往前追溯，一開始是附有XY平台的鑽孔機。如同大家所知道的，鑽孔機在被固定住的XY平台上裝有上下可作動的主軸Z軸。在此Z軸下方裝有XY平台的形式，是立式

中工機的其中一個基本形，因為加上XY平台驅動，所以又稱為XY模組（圖9-1）。FANUC小型切削加工機、BROTHER攻牙中心機、SUGINO MACHINE的selfcenter機種等都是此種構造。

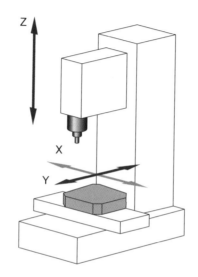

圖9-1　XY模組的構造

　　但為了要加大此構造的Y軸行程（stroke），必須加大並偏移Z軸的床柱，這也成為Z軸傾斜（彎曲）的原因，不僅不易達到精度，受到熱的影響也很大。為避免此情形，要將前後移動的Y軸橫跨在X軸上，並在X軸上面疊上Z軸。因為Z軸疊在X軸上面作動，所以稱為XZ模組（圖9-2），形成現在精密加工所使用的中心加工機的基本形（也有門形、龍門形等，各式各樣的形狀及稱呼）。

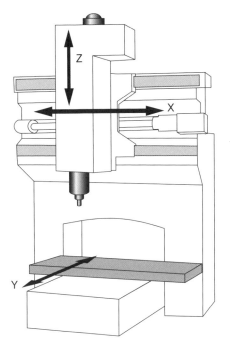

圖9-2　XZ模組的構造（取自OKUMA公司網站）

　　XZ模組的機台，雖然組裝費時、構造複雜且成本又高，但抗熱變拉能力強、剛性高，主軸的懸垂也小，以精度面來看相當有利。MAKINO的V33、YASDA的YBM640、ROKUROKU的MEGA等機台都是採用此構造。在JIS B 6336-2規範中，將立式中心加工機的軸構造分成12種（**圖 9-3**）。其中，前面所提到的XY模組相當於01或04，XZ模組相當於10及其衍生類型（JIS圖片中有關XYZ軸的定義法與方向有稍微不同）。

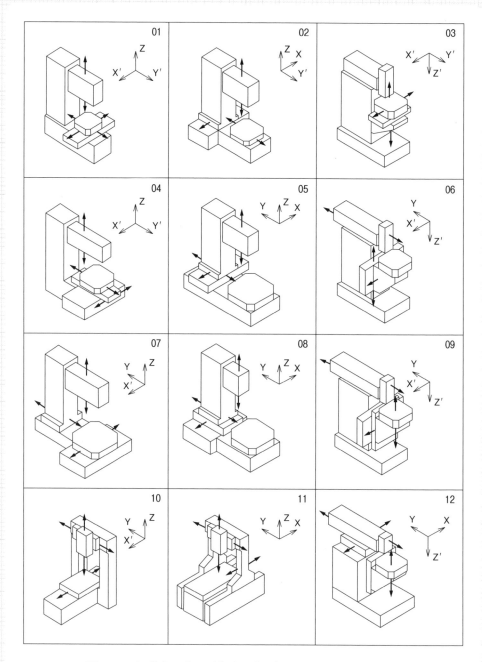

圖9-3　立式中心加工機的分類（引用自JISB6336-2）

如此一來，在選擇精密切削加工要使用的工具機時，軸的構成就非常重要，同時也可得知該工具機是注重精度？還是注重速度？是否會為了使構造簡單而降低成本？以及工具機廠商的目的。這裡雖然是以3軸立式加工機為例，但其中也有符合其他工具機的元素，建議可以一起留意。

　接著，將具體說明前述的工具機是由哪些要素組成。其構成要素就如同圖9-4，這些要素有些也與其他工具機有共通之處。依序說明如下：

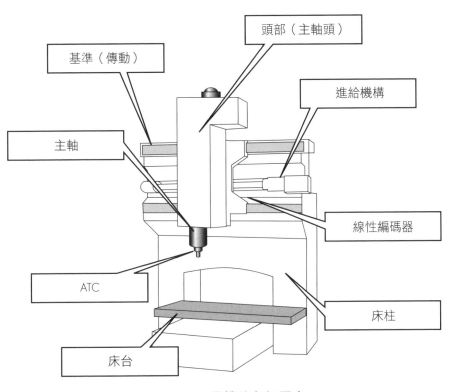

頭部（主軸頭）

基準（傳動）

進給機構

主軸

線性編碼器

ATC

床柱

床台

圖9-4　工具機的各個要素

9.1.1 主軸

　　主軸是指裝有端銑刀或鑽頭等旋轉工具並使其旋轉的部位，可說是綜合加工機的心臟。其規格主要是依據轉速或扭力來命名居多，除此之外，若從精密加工的觀點來看，還有以下許許多多的要素。

＜剛性與轉速＞

　　剛性會因主軸的粗細和使用的軸承而有極大差異。雖然愈粗的主軸剛性必然會愈高，但如果提高轉速，相較於細的主軸，外圍的摩擦抵抗會變大並且發熱，精度也會下降。當需求相反時，要如何取捨就成了選擇主軸時的一大要素。

　　主軸上面一定會使用軸承，軸承的種類某種程度上決定了主軸的特性。軸承有許多不同的樣式和種類，工具機主軸常用的軸承種類，大致上可分為接觸（培林）式的滾珠軸承（圖9-5）、滾柱軸承（圖9-6），以及非接觸式的氣靜壓軸承（圖9-7）、油靜壓軸承。

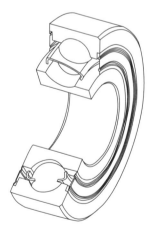

圖9-5　滾珠軸承

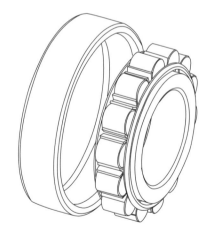

圖9-6　滾柱軸承

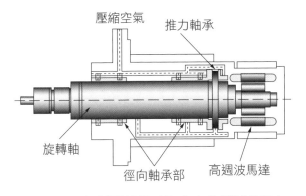

壓縮空氣　推力軸承

旋轉軸

徑向軸承部　高週波馬達

圖9-7　氣靜壓軸承（取自東芝機械網站）

非接觸式的軸承雖然有著壽命長的優點，但相對地剛性必然降低。而油靜壓軸承的剛性雖然比氣靜壓軸承高，但轉速就沒有像氣靜壓軸承那麼快。在此將這些軸承的優缺點概略以**表9-1**表示：

表9-1　軸承的種類與優缺點

	滾柱軸承	滾珠軸承	油靜壓軸承	氣靜壓軸承
轉速	△	○	△	◎
剛性	◎	○	○	×
精度	△	○	○	◎
耐久性	○	△	◎	◎
價格	○	○	×	×

近年來，日本精密切削加工現場的主流是使用滾珠軸承，但在小孔徑高速鑽孔等轉速超過10萬RPM的領域，或是鎖定奈米精度等級的超高精度加工就會使用氣靜壓軸承。雖然精度高但若忽視剛性而選用氣靜壓軸承，最後只能使用小徑型的刀具加工。本書所提精密切削加工所涵蓋的範圍的工具機，多數選用滾珠軸承。氣靜壓軸承主要用於超精密切削，而滾柱軸承則適用於重切削。

不過以上所述僅是一般的原則，也有顛覆一般原則的特定產品。像是有些常用主軸，所使用的是原本一般常識認為無法達到轉速的接觸式軸承，而這也正是技術要素有趣的地方。

<潤滑>

如同前面所敘述的，精密切削加工中最常使用的軸承是滾珠軸承（滾珠培林），必須要予以潤滑。

潤滑的方法雖然包羅萬象，但大致可分成潤滑脂潤滑與潤滑油潤滑兩類。潤滑油潤滑又分為油氣潤滑、噴霧潤滑、噴射潤滑等各式各樣的形態，在此以近年已蔚為主流的油氣潤滑為例。比較兩類的優缺點彙整於**表** 9-2。

表 9-2　潤滑的種類及其優缺點

	潤滑脂潤滑	油氣潤滑	備註
轉速	△	○	油氣潤滑有冷卻效果，可提升轉速。
維修	△	◎	潤滑脂潤滑需要定期補充油脂。
價格	○	×	油氣潤滑需要專用裝置所以成本高。
省空間	○	×	需要設置油氣潤滑裝置的空間，也需要配管。
環境汙染	○	△	油氣潤滑會有微量滲出易造成環境汙染。

簡單來說，潤滑脂構造簡單價格低廉。相較之下，油氣潤滑雖然需要專用裝置且價格高昂，但不需要補充油脂且冷卻效果高，可實現高速運轉。

油氣潤滑比較令人在意的一點是，從主軸端滴下潤滑油時，如果置之不理，工件便會變得黏黏的甚至滑落，用於乾式加工時需要特別注意。近年來高速旋轉主軸很多都使用油氣潤滑。

<主軸端的形狀>

　　主軸上會裝有切削加工用的刀具（端銑刀、鑽頭等），但是直接將刀具裝到主軸上的情形很少，通常會先在主軸裝上用來固定刀具的刀把。而刀把的形式，也將決定要選用多大的刀具以及要用多大的轉速加工。

　　就刀把的形狀而言，BT、HSK等是可裝在主軸上的規格（圖9-8）。BT刀桿有正統的錐度，同時裝有被稱做拉栓的拉縮用螺栓。而且從以前開始，即使一般只有30號、40號，就能適用於大部分的中心加工機。至於HSK刀桿是於1993年開始出現，採用DIN規格（德國工業規格），這屬於比較新的規格，不使用拉栓而是使用主軸側的拉桿由錐度的內側拉縮。

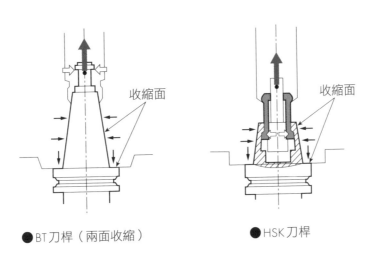

●BT刀桿（兩面收縮）　　　　　●HSK刀桿

圖9-8　BT刀桿及HSK刀桿

　　因為兩面收縮的關係精度及剛性高，即使高速運轉，也不會像BT刀桿那樣產生空隙，同時也因為適用於高速的關係，近年普遍使用於高精度的中心加工機。主軸的偏擺對於精度的影響很大，故主軸端要盡量使用兩面收縮的產品。而在BT刀桿中，也有兩面收縮的產品（BBT：如大昭和精機股份有限公司的BIG-PLUS）

　　刀把大多一支要數萬日圓，考量到ATC（自動換刀裝置）的支數是一

筆不小的投資，如果要採用新形式的刀把，所需花費需要相當大的勇氣。但對精密切削加工來說，刀把的精度與剛性所帶來的影響很大，務必要審慎檢討。

＜偏擺＞

　　主軸的偏擺精度對精密切削加工來說是非常重要的要素。在主軸裝上測試棒以手轉圈再以槓桿式量錶測試，測量到的偏擺稱為靜偏擺，也就是在任意旋轉位置靜止時的偏擺（**圖 9-9**）。

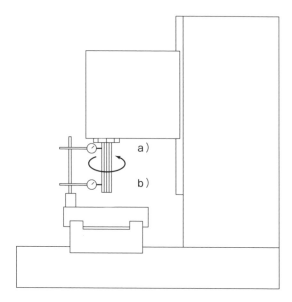

圖 9-9　主軸偏擺的測量（引用自 JISB6336-2）

　　但實際在進行加工時，普遍都會以其相對應的高速運轉，高速運轉時如何偏擺就變得相當重要。而此時的偏擺則是稱為動偏擺。廠商的產品型錄大部分都會記載動偏擺的數值，而 JIS 中關於工具機的測試項目是記載於 JISB6190-7。實際上廠商設計製造主軸時，會盡量不產生動偏擺，其成敗會大大影響加工性能是基本常識。即使靜偏擺為 1μm 的主軸，以 10,000rpm 的轉速運轉時，偏擺超過 10μm 也是常有的事。檢討進行精密

切削加工要使用的加工機時，必須選用有確實測量動偏擺值的機器。動偏擺如同圖9-10所示，正確來說可分成與運轉同時產生的偏擺（同期誤差運動）以及沒有和運轉同時產生的偏擺（非同期誤差運動）。

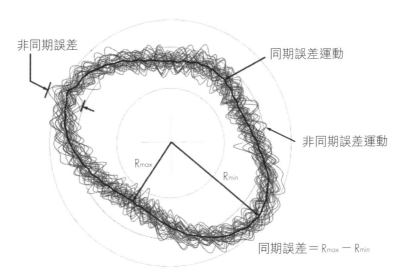

圖9-10　動的精度
(參考 http://www.aerotech.com/products/engref/runout.html)

9.1.2 頭部（主軸頭）

主軸頭是搭載在主軸上並在框架上移動的東西（通常有1軸或2軸）。這裡以X軸、Z軸的作動為例。主軸頭與平台相同，是在加工中會持續移動的部位，非常重要。以精密加工的觀點來看，其重點在於重量、熱變位、主軸中心與基準（導引）面的距離。

<重量>

重量當然是愈輕愈好，輕的話就能用很少的力量立刻進行加速和減速，縮短加工時間同時也可節省能源。實際上，也有不少是以ATC交換

時間為優先在主軸頭上搭載了 ATC 裝置的產品，當然這類產品的加減速也會變慢。

＜熱變位＞

主軸一定會發熱，讓主軸產生的熱不透過主軸頭傳到整台機械，必須費一番工夫。而實際上很多主軸也有安裝可使主軸冷卻的冷卻機構。

＜主軸中心與基準面的距離＞

這裡是所謂的懸垂部分，該距離如果愈小懸垂量也會愈小，也比較不會因主軸重力而傾斜，在熱變位上相當有利。

專用於高速、高精度的工具機，在此部分就必須確實檢討。

9.1.3 床柱

＜穩定性＞

床柱是用來支撐頭座，其角色相當於我們人體的脊椎，是非常重要的一部分。當然愈細長就會不穩定。如果想要擴大加工區域而縮小整體機台，就不得不犧牲床柱的空間，如此一來機台將會變得不穩定，加工產生的震動和變形也一定會變大。

一般來說，高度和前後寬度比為 1:1 的矮寬型機台會比較好。以近年賣得較好價格又合理的小型工具機來看，雖然靈巧但也相對不穩定。以動量守恆定律來看，需要作動的部分輕，不作動的部分重，這樣的比率愈高，作動部作動時機台的穩定性也會變得愈高。

<組裝精度>

前面提到的XZ模組的機台（龍門構造），因頭座在床柱的上面往X方向移動，床柱本身也需要相當高的精度，但價格會因此變高。此外，在組裝床柱時，組裝的面與面之間最好是有鏟花過平面，除了有提升精度的意義，對於吸收研磨面的振動也有幫助。

<熱變形>

床柱一定會因熱而產生變形。因為構成床柱的零件大，溫度的變化往往也會使加工零件有很大的變形，所以針對熱變形有以下幾個對策。

①即使床柱變形也難以影響加工的構造（例如：設計成對稱構造）：

優點：可達到機械上的單純化，是理想的對策。

缺點：如果是對稱設計，在空間配置上會有困難點（與工件是否接近？距離ATC的位置？等）。

②床柱使用不易熱變形的材質（例如：使用低膨脹的鑄件）：

優點：容易實現。

缺點：需要組合不同膨脹率的材質的情形變多，設計不易，且成本會變高。雖可抑制變化的比率，但是效果不大。

③冷卻床柱（例如：水冷機構）：

優點：藉由主動冷卻，可有效抑制溫度上升。

缺點：機構會變複雜花費高。營運成本也變多。

④感測床柱的變形量並予以補正（例如：熱變位補正機能）：

優點：因為可藉由感應器及軟體解決，成本意外地低。

缺點：如果補正的結果與操作者想要的相反，以超高精度為目標時，操作就會變得困難。

購入機台時，針對熱變位要採取什麼對策就變得相當重要。原本為了要極力抑制熱源來源的各伺服馬達或是主軸的發熱，就會在輸出量的部分預留一些空間作動，這對高精度加工也很重要。

9.1.4 床台

床台是放置被加工物的地方，大多會在Y軸或是XY軸方向作動。平台的高平面度要求自是不在話下，甚至也必須與加工機的XY平面一致。以下就床台的兩個主要功用：承載工件以及移動工件來做說明。

＜承載工件＞

在平台上放置工件，要將上面切削成平面時，最理想的狀態是上面與下面的平行度完全吻合。因此，床台上一定不可以凹凸不平，且機器XY軸的作動也必須平行。其精度一般也是JISB6336-2工具機的測試項目，有平面度以及與X軸、Y軸的平面度的測試。此外，床台是用來固定東西，通常會有一個被稱做T型溝槽的溝槽（**圖9-11**）。驅動床台時，較輕的會較好驅動。剛性太弱時，當要施力將工件固定於T型溝槽時，整體就可能歪斜，因此需要有一定程度的厚度。

關於精密切削加工，近年除了直接放置於床台上的T型溝槽之外，還有其他各式各樣的方法，但這並不表示有必要製作一個堅固的床台。舉例來說，如果是要放置需要高精度往返定位的產品System3R（**圖9-12**），就不需要有床台。如果不需要有沉重的床台面，工具機整體就可變小，同時床台變輕巧也可提升加工速度。

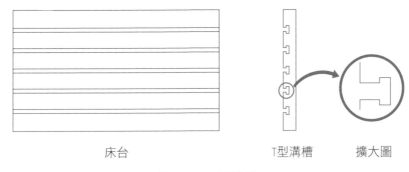

床台　　　　　　　　　T型溝槽　　擴大圖

圖9-11　T型溝槽

─ 工件

─ 夾持工件的工作台

─ 夾爪

圖9-12　System3R的產品（取自System3R公司型錄）

＜移動工件＞

　　若將焦點放在移動工件的功能，指的就是床台如何迅速且正確地移動，以及移動多少距離。從迅速及正確性來看，床台愈小愈輕愈好。此外，即使考量到要在相同空間做較大距離的移動，床台尺寸也是小的較好，床台小行程距離自然也就不需要那麼大，整個機台都會變輕巧。不過，小的平台就無法放置大的工件，如果想要廣泛地使用，就會裝上治具或虎鉗。

　　接著從平衡性來選擇機台的行程、床台的尺寸。通常，平台的Y方向的尺寸（前後方向）大約與行程相同，而X方向（左右方向）的尺寸，平台的尺寸會做得比行程大（大約15～30%）。精密切削加工的工具機，一般是無法用大機台來加工小零件。如果是小型工件就會使用小型的工具機，在精度、速度、能源節省上都較為有利。

9.1.5 基準（傳動）

　　有驅動XYZ軸的部分，就一定會有滑座存在。這裡就會需要有基準（傳動）。用於切削加工的工具機所使用的基準，大致分成以下三種方式：

- 滑動傳動
- 滾動傳動（線性導軌、LM導軌等）
- 油靜壓傳動

　　上述分類的邏輯與前述主軸軸承的分法類似。滑動傳動不只摩擦係數比滾動傳動大，同時因為動摩擦係數與靜止摩擦係數的差異也大，不僅不適合高速，即使只有些微（0.001mm）的進給也無法跟隨。此外，油壓靜壓傳動比滾動傳動的摩擦係數高，優點是不會產生滾動傳動所發生的振動。目前精密切削加工中使用最多的工具機，是利用滾動傳動。其精度、速度及價格之間的平衡相當好。另外，在超精密的領域中，雖然多數使用空氣靜壓傳動，但無法承受較大的負荷。

滾動傳動可選擇的項目包羅萬象，有使用滾珠的形式（**圖9-13**）、使用滾柱的形式（**圖9-14**）、也有使用循環、非循環、多列滾柱的形式，不同的廠商各有專精。

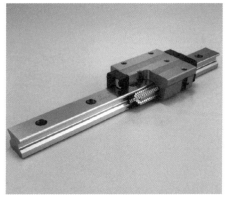

圖9-13 滾珠的線性滑軌
（日本THOMPSON 提供）

圖9-14 滾柱的線性滑軌
（日本THOMPSON 提供）

　　實際在挑選機台時，型錄裡多數不會記載使用何種傳動方式，但可經由詢問廠商的聯絡窗口得知，藉此也可預測該工具機的特性。

9.1.6 進給機構

　　為了要讓床台或是頭座移動，就需要使用讓其作動的馬達。方式有使用旋轉馬達再藉由滾珠螺桿轉換為直線運動，也有使用線性馬達直接驅動。雖然長期以來一直是以滾珠螺桿為主流，但日本近年採用線性馬達的工具機有漸漸增加的趨勢（**圖9-15**）。

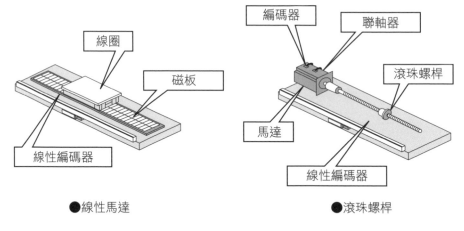

●線性馬達　　　　　　　　　　　　　　　　●滾珠螺桿

圖9-15　線性馬達和滾珠螺桿（取自Sodick公司網站）

　　接下來讓我們來了解一下，相較於滾珠螺桿，線性馬達的優缺點。線性馬達的優點是：

● 因不會有背隙（空轉（有空隙、過緊）），適合微小的進給傳送，滾珠螺桿雖也可藉由調整預壓的方式使其消失，但會出現空轉，推力軸承和螺絲的扭曲等都是會發生空轉的地方。
● 不用擔心滾珠螺桿一定會發生的摩耗。
● 可以高速運轉。

　　缺點是：

● 沒有減速機構，扭力效率差（同樣的力量，輸出的力量要比螺桿大）。不環保。
● 即使只是維持在相同地方也需要產生支撐力，尤其像Z軸那樣需要對抗重力的軸，如果未事先用平衡裝置拉伸，時常需要維持很高的輸出量。
● 價格高（磁鐵本身因為使用很多稀有金屬，價格高昂，價格無法降低）。
● 和馬達一樣，因為無法與驅動部分離，所以會將熱源靠近機台的中心。
● 磁鐵與線圈之間會發生強烈的吸附力，需要能承受此剛性的機台。

● 因有強力磁場產生，故會有切削屑吸附的問題。

　　而做為微細加工機來使用，最大的優點就是不會空轉。不過以現在的技術而言，滾珠螺桿也可以達到0.1μm移動的進給。如果要全部換成線性馬達也不全然有利，缺點其實也不少，需要審慎評估。

　　選擇配置線性馬達的機台時，需要將焦點放在要用什麼樣等級的主力馬達，以及要如何配置。基本上速度快的機台最大加速度也大。為了要達到大的加速度，被移動物的重量和馬達推力的比率就很重要。此外也需要依馬達的配置，事先確認發熱導致的問題，或是切屑處理等問題能否順利解決。

　　如果是選擇配置滾珠螺桿的機台時，要確認螺桿的外徑及導程（圖9-16）。所謂導程指的是螺桿轉一圈前進幾mm，前進量少的一定較容易達成移動精度，但最大速度會下降。一般10mm以下的就是短導程，比起速度更重視精度。螺桿的外徑會影響剛性，較粗的剛性會上升，可承受大型馬達的出力，但周速度會變大，最大速度也會變得受限。

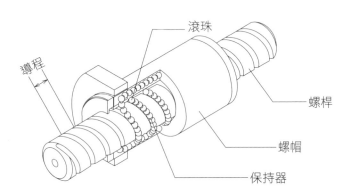

　　　滾珠

導程

　　　　　　　　　　　　　　　　　　　　　螺桿

　　　　　　　　　　　　　　　　　　　　　螺帽

　　　　　　　　　　　　　　　　　　　保持器

圖9-16　滾珠螺桿的構造（取自THK公司網站）

9.1.7 線性編碼器

　　線性編碼器（**圖9-17**）是以奈米等級的精度量測直線運動的平台、頭座等處的相對位置，並對NC控制器進行反饋，對做精密加工的工具機來說已是不可或缺。線性馬達不像旋轉馬達有編碼器，所以一定要和線性編碼器搭配使用。

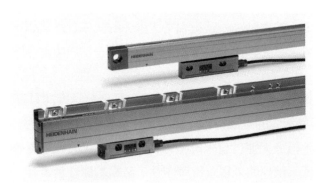

圖9-17　線性編碼器（取自HEIDENHAIN公司網站）

　　裝置線性編碼器的缺點很單純，就是單價高，以及使用氣槍時會消耗空氣。

　　線性編碼器通常可檢測出數10nm（奈米）的位置，微小的則是數nm。實際上中心加工機的最小進給單位為1μm，微小的為0.1μm，也許會被質疑是否有必要到那麼精細，實際上位置檢測的單位愈小，位置反饋的增益就愈能提升（關於增益後面會再介紹）。

　　另外，線性編碼器要裝在機台的何處也是值得注意的一點。如果尺規裝在離切削處非常遠的地方，導致從尺規到切削點之間可能會失真（變形）。

9.1.8 ATC

所謂ATC就是Auto Tool Changer（自動換刀裝置）的簡稱，如同字面上所述：可自動交換刀具。以中心加工機來說，幾乎所有的機台都有搭載ATC。

ATC有許多的換刀方式，目前的主流方式大致可分為換刀臂式（圖9-18）與儲刀倉式（圖9-19）兩種。

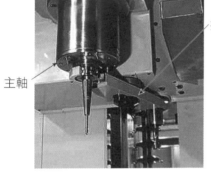

主軸

換刀臂

圖9-18　換刀臂式的ATC裝置
（取自Matsuura公司網站）

主軸

儲刀倉

圖9-19　儲刀倉式的ATC裝置
（碌碌產業的CEGA）

<換刀臂式的優缺點>

換刀臂式的自動換刀裝置可快速換刀，這對進行零件量產加工的機台來說是相當重要的功能。但在主軸側邊裝上ATC的換刀臂裝置，會有頭座變重、機構變複雜的缺點。此外，ATC交換時夾進切屑的機率也變高，以精密加工來說困難點很多。

<儲刀倉式的優缺點>

儲刀倉式的機構單純，故障情形少且成本低。但主軸移動到刀庫的這個部分，會使ATC的時間變慢，雖然對加工零件的工具機來說是缺點，但每支刀具的加工時間變長，對於一個一個產品都要慎重加工的模具加工來說就不算是缺點了。此外，此形式的機台因為一部分的行程是使用刀庫，相對於行程的加工領域就會變窄。

除此之外不管是何種ATC，最好都思考一下是用何種設計想法製作再做選用。

9.2 工具機的控制

到此為止，已經以中心加工機為例說明了個機械要素。接著，將介紹這些作動馬達的控制方法。本書因為不是馬達控制專書，無法深入介紹其理論，但如果在不知道如何控制的情況下進行加工，加工時間會比原本所需的還要多，而且不管怎麼設定都無法達到機台本身該有的精度。馬達控制的知識，對有志從事精密切削加工的人來說是不可或缺的知識。

9.2.1 位置反饋與位置增益

提到工具機的控制必須要知道的要素，這部分比較難用文字表達。筆者會盡可能地留意不去使用專有名詞，用直覺上比較容易理解的方式去書寫。

精密加工中所使用的中心加工機，大部分都是利用線性編碼器感知本身的位置在何處，以及判斷編碼器與指令位置的位差之後予以作動，此部分稱為位置反饋（**圖9-20**）。

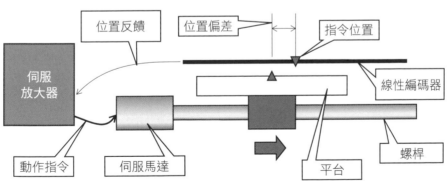

圖9-20　位置反饋

在做位置反饋時，針對指令位置與目前所在位置的距離差，馬達能夠多靈敏地反應出來，這樣的數值就是位置增益（**圖9-21**）。反饋除了位置之外，還有速度反饋、電流反饋以及多重迴路，並分別有速度增益和電流增益，下面將一併介紹位置迴路增益（以下稱增益）。

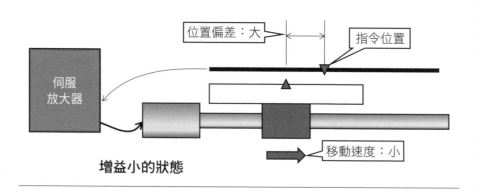

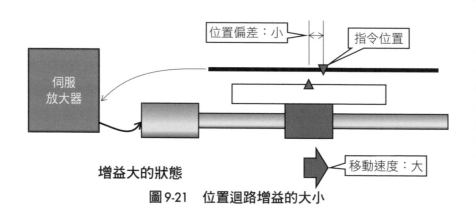

圖9-21　位置迴路增益的大小

增益低時，回應位置指令的動作會變得鬆散，追蹤性也變差。反之，增益高時，因為可以靈敏地移動到指令位置，故追蹤性變佳。但如果增益變高，便無法允許些許的位置偏移，如果稍微移動過頭就會急速返回，返回如果又稍微偏移又會再急速回頭，導致震動不斷（稱做顫動（**圖9-22**））。因此，在進行精密加工時，增益最好是調高成不至於產生震動的範圍內。

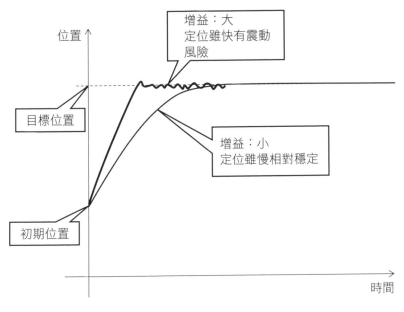

位置

增益：大
定位雖快有震動
風險

目標位置

增益：小
定位雖慢相對穩定

初期位置

時間

圖9-22　顫動

增益要高有以下幾個重點：

● **機械的剛性要高，彈性類的要素要少**
● **沒有機械性的不順暢**
● **作動部要盡量輕，相對之下馬達就會有足夠的力量**
● **摩擦抵抗要少**

簡單來說，機台能沉穩順暢地作動，增益自然就會高，也就能邁向高精度加工。

基本上，採買機台之後，要再變更位置迴路增益相對困難。這是因為一開始已在不產生震動的範圍內找出安全率且做好設定。只要知道位置迴路增益的數字，也就能判斷追蹤性良寡。另外，因為XYZ軸是個別設定好的，最好確認一下彼此之間是否有很大的差異。

接下來，要說明加減速和背隙控制、是否增益高就是追蹤性好的機台，這些都是相當基本的概念，希望大家可以思考在這些條件下機台是如何作動。

9.2.2 加減速

接著進入加減速的話題。一軸從靜止的狀態移動到某位置，需要先加速到一定的速度，然後維持速度固定的狀態最後再減速停止。這用汽車來想像就會比較容易理解，車身輕的加速就會好，減速也是煞車性能佳且車身輕的可較快停止。與汽車不同的是，工具機的加速度需要非常正確地照著圖表路徑進行，例如，可試著想像XY平台在XY軸上斜線移動的情形，單純將X、Y軸的速度給予一個固定的比率，會像**圖9-23**那樣呈現斜線移動，且一定會產生加減速。

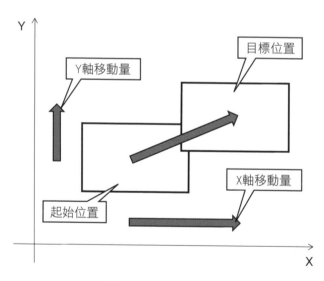

圖 9-23 XY軸移動

由**圖9-24**的圖表可得知，如果沒有將速度與可維持一定狀態的加速度比例相搭配，就無法斜線移動。如果各軸都各自以其最大力量加速，將導致路徑彎曲。

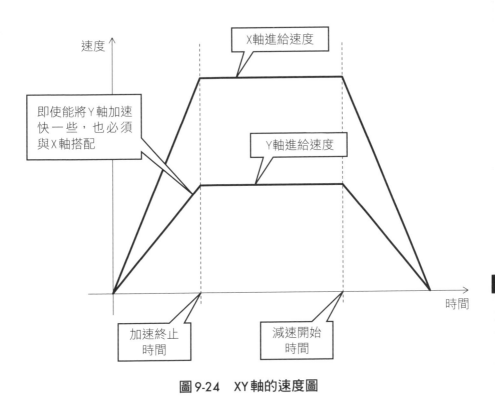

圖9-24　XY軸的速度圖

承上，工具機必須像這樣正確地控制加減速。前面所提的位置迴路增益，也是如何正確地追蹤加速度指示的數值。

讓我們再回過頭看上面的加速度圖。**圖9-24**的加速、等速、減速的各區間雖然是以直線繪製，但實際上近年的工具機為使移動更順暢，加速度的區間是保持較和緩的變化。**圖9-25**因為形狀與可發出聲響的鐘的剖面相似，所以又稱鐘形加減速圖。

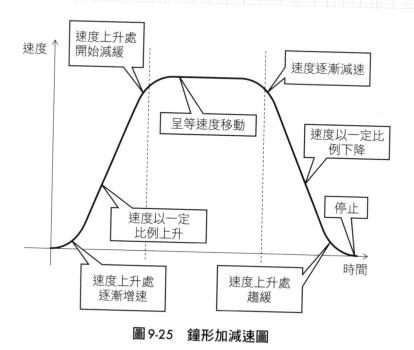

圖 9-25　鐘形加減速圖

接著，來看一下相同動作時的加速圖（**圖 9-26**）。

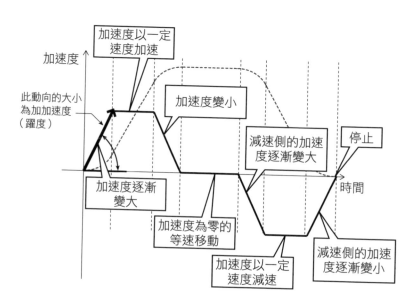

圖 9-26　加速度與時間圖

由上圖可得知，速度和緩地變化時，加速度會以一定的比例增減。此加速度的變化率（圖的傾斜處）稱做加加速度或躍度。許多工具機的型錄都會標榜其躍度大，指的就是加速度上升的動向大。在機械加工中，平面的直線粗加工等情形，因為切削軌跡多數是單純的直線，與機械的加速度、加加速度幾乎沒有關係，而是受機械的最大速度影響。

　　而與上述情形相對，自由曲面或是細微形狀等的微小單位的連續移動，機械大多無法達到最大進給速度。如果讀者們親身經歷實際加工的速度，完全沒有達到自己所設定的進給速度（F值）的經驗大概會很多。**圖9-27** 表示的是，因為速度未達到指定的進給速度，不管將速度設定得多大最後還是會重複地從加速度中進入減速的例子。此種情形，比起進給速度，機械的加速度、加加速度的大小和加工速度的直接關聯性更大。

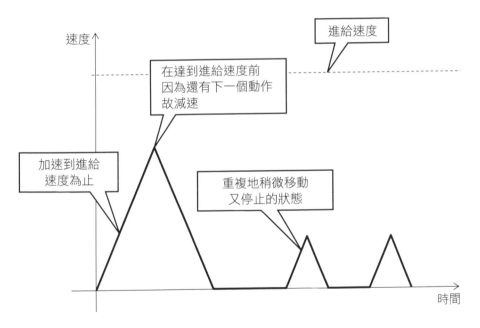

圖 9-27　未到達進給速度的範例

加速度、加加速度的大小雖然可在控制端自由設定，實際上機台本身如果無法達到該速度，就不可能正確地加工。

　　能夠設定大的加速度，也可隨著加速度將位置迴路增益設定較高的機台，即使是精細加工，其加工速度也會很快。

　　近年的中心加工機，很多產品可將此加速度、加加速度依照加工的品質切換成好幾段。像是有將加速度變小做精密加工的高精度模式，以及將加速度變大加工粗糙但卻快速的高速模式。請務必活用這樣的機能，尤其是需要細微切削路徑的連續加工，加工速度的表現會有極大差異才是。

9.2.3 背隙補正

　　中心加工機的型錄上常可見到真圓加工的資料。如果移動XY軸上的直動軸畫圓，各軸就會重複加速→減速→停止→逆轉→加速→減速的動作。以該動作畫圓時，比較麻煩的是迴轉時的動作。

　　近年機台裡所使用的滾珠螺桿都會施加預壓，讓背隙本身小到不用理會的程度。不過在筆直前進的軸停止下來的反轉處，要想確實地移動1μm的切削範圍相當困難。實際上如果在未進行背隙補正的情況下做真圓加工，會如同**圖9-28**那樣，在各軸的迴轉出會產生尖角。此現象稱為象限尖角。

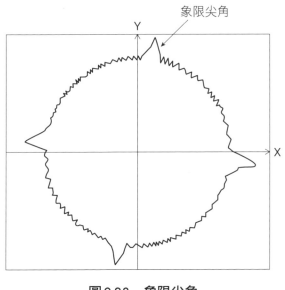

圖9-28　象限尖角

　　有關象限尖角，即速度緩和尖角就會變小，同樣的速度下也是以半徑大的尖角較小。基本上，如果是位置迴路增益大的機台，無論條件如何突角都會變小，但如果是連些微的尖角都不允許的情況，就需要在這裡做一些特殊控制。

　　這就是背隙補正機能。例如要在模具上加工出漂亮的曲面時，圖表上的尖角處，剛好就是有線條跑出的地方，無法以數值表現的微小機械變化，也會呈現在模具表面且可用肉眼辨識出來，甚至也可看出微米單位的變化。如果無論如何都要消除，就必須進行背隙補正。

　　所謂背隙補正，是在想消除的象限尖角處加入反方向的作動，藉此相互抵消使其平滑（**圖**9-29）。

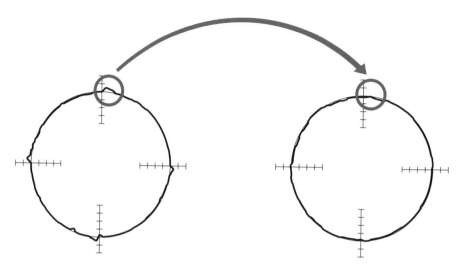

圖9-29　背隙補正的前後示意圖

　　背隙補正依不同製造商有各式各樣的方法，雖然可對應的範圍廣，但很難對所有的動作都進行反饋。舉例來說，背隙大狀況不佳的機台是處於非常不穩定的狀態，如果使用補正以及不同的條件去加工，反而會發生補正過頭而卡住等不良情形。即使機械背隙大，最好捨棄加入補正就可解決的草率想法。順帶一提，線性馬達雖沒有機械性的背隙問題，但仍必須補正象限尖角。

9.3 無法達到精度的原因

實際進行機械加工時，明明購買的是標榜高精度的機台，但不知道為什麼無法達到預想中的精度。這是因為在實際加工中會發生熱、刀具、加工條件、剛性等各式各樣的問題。針對這類問題，能活用自身豐富經驗靈活對應就是職人的本事。雖然實際上無法用數字表示的部分很多，這裡盡量用實驗數據來檢視精度惡化的主要原因。

9.3.1 主因樹狀圖

圖9-30是使用中心加工機時，精度惡化的原因樹狀圖。

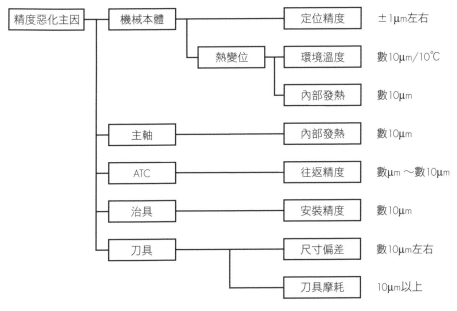

圖 9-30　精度惡化的主因樹狀圖

購買精度佳的機台，實際機台型錄上有的標榜定位精度為可以切削至 $1\mu m$，這樣的程度表示這台機械能夠優異地作動到指定位置的精度。

相對地，因熱引起的變化非常麻煩，如果環境溫度有 10°C 的變化，機台就會有數 $10\mu m$ 等級的變化。環境溫度若有 10°C 的改變，也許就無法達成原本的高精度加工。但在實際的加工現場，即使是製作高精度模具的工廠，因為要維持恆溫室所需的成本非常高，一般大多使用空調。此種情況下，藉由空調的開關，在夏天和冬天的工廠都能輕易達到 10°C 左右的溫度變化。

而即使將外部調整成一定溫度，機台本身也會發熱。機台本身的發熱也會因為加工內容而有所差異，發熱的部位也會改變。這也是最麻煩的一點，不論如何注意外界溫度，最後還是會因為機台本身發熱而有變化。內部發熱最需要留意的地方就是主軸的溫度，主軸開始旋轉後，溫度馬上就會開始上升，到穩定下來需要數分鐘到數十分鐘。在此期間，主軸會以數 $10\mu m$ 的單位持續伸長，導致很難進行精度良好的加工。

此外，即使留意到機台的狀況，實際切削工件時也是用安裝在軸上的刀具切削。

此外加工精度需達到數 μm 時，也需留意安裝精度，甚至買進來的刀具尺寸偏差是否在 $10\mu m$ 左右，也需要事先衡量。

以下將以實際試驗資料為依據，思考這些問題會有怎樣的變化以及該如何對應。

9.3.2 機械的熱變化

<外界溫度引起的變化>

　　首先，實驗機台會隨外界溫度產生什麼樣的變化（**圖9-31**），使用的機台是碌碌產業生產的3軸高精度中心加工機CEGA542。使用這種高精度機台的前提是要在溫度變化少的地方使用，然而實際上加工現場很少在假日也會一直開著空調，所以實驗條件會比較嚴苛，此例是使用13°C→25°C的變化，記錄XYZ軸的變化與主軸和床台之間相對位置的偏移關係。

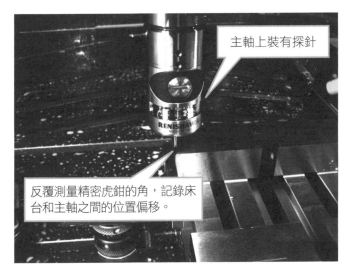

主軸上裝有探針

反覆測量精密虎鉗的角，記錄床台和主軸之間的位置偏移。

圖9-31　外界溫度與機械變化的實驗狀態

　　參照**圖9-32**可知，隨著室溫急速變化的同時YZ軸也產生明顯的變化。Y軸是以前後方向、Z軸則是以上下方向承受床柱的傾斜影響。相對的，X軸以左右方向呈現對稱形狀，相對的變化較小。

　　有趣的是，室溫維持一定後各軸的變化開始返回原點，經過24小時後，幾乎返回到與起始位置相同的位置。

明明溫度有12°C的變化，但主軸和平台的位置關係在變化前後卻沒有改變。這是因為機台在一開始就設計成平均熱變形的形式。就機台而言，維持住一定的溫度，比溫度絕對要設定在幾度還重要。

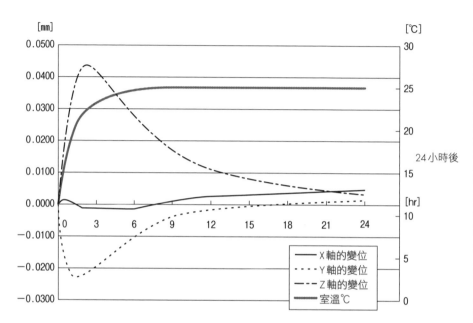

圖9-32　隨外界溫度變化的熱變位圖表

藉由掌握這樣的資料，可得知像是：會有怎樣程度的絕對變形量？變形的速度有多少？哪一軸會受變形影響等許多的資訊。

＜內部發熱引起的變化＞

接著，在外界溫度為一定的情況下，來實驗機台的XYZ軸在高速作動中發熱時會產生怎樣的變化。實驗結果如圖9-33的圖表所示。

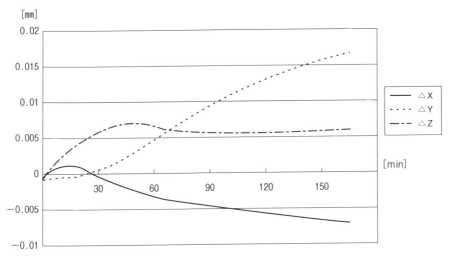

圖9-33　內部發熱的熱變位圖表

　　此實驗因為未讓主軸運轉，可無視主軸的延伸量。Z軸雖在30分鐘左右的時候進入穩定狀態，但X軸、Y軸經過2.5個小時後仍漸漸持續變化，加速度變大，伺服馬達也承受負荷，可想而知加工機台本身的溫度將逐漸上升。與外界溫度變化不同的是，外界溫度是處於機台整體是溫的狀態，而內部發熱則是熱源和冷卻部一起構成梯度，隨著此梯度產生複雜的變化。雖可藉由極力壓低馬達負荷使其影響小到不需理會，但長時間高速（高加減速）運轉的時候還是需要注意。

　　各位讀者最好參考以上做法，取得數據研究一下自己的機台。

9.3.3 主軸的熱變位

　　主軸發熱所產生的伸長，會自然而然意識到一定是和中心加工機有關，不過實際上，可先簡單地花幾分鐘的時間暖機來解決這問題。

　　那麼主軸又是如何伸長的呢？我們可試著改變轉速，然後重複旋轉再停止的動作來實驗（**圖9-34**）。因為要在不停止旋轉的狀態下直接測量，可使用非接觸的雷射量測儀，邊旋轉邊量測刀具的長度。

在主軸旋轉時利用雷射量測變位量

圖9-34　利用雷射量測刀具長度

實際量測後的數據圖如下（**圖**9-35）。

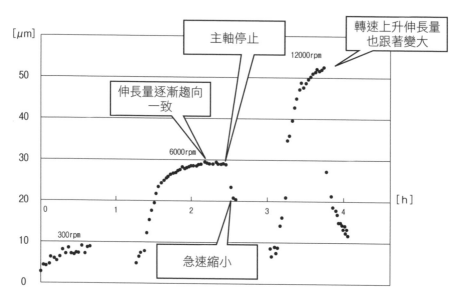

圖9-35　主軸的熱變位圖表

由上圖可知，轉速在300rpm時大約有10μm左右的變位量，6000rpm為30μm，12000rpm則會超過50μm。在經過一定時間之後，伸長量會逐漸變小，所以最好搭配所需的加工精度，思考多少轉速的時候需要先暖機。

　　不過主軸停止時伸長量會急速回歸原始狀態，這點也值得注意。例如，已充分暖機到可使人安心的狀態，一旦主軸暫停運轉刀具與工件摩擦，或是要切換成別的加工時，主軸就又會縮小。因為這幾分鐘的縮小量是以數101μm為單位，務必動腦思考加工作業的順序。

　　如同以上所示範的，機台如何變化可藉由進行實驗繪製圖表得知。此圖表會因機種不同而有所不同，甚至相同機種也可能有個體差異。若有志從事精密加工，務必要好好理解公司機台的特性，同時要不惜花費實驗的時間。同樣地，如果在加工前能事先檢測ATC的往返位置是否有偏移、軸的安裝精度等項目，一旦異常發生就可縮短鎖定特定原因的時間。

後記 作者的成長過程與環境

最後想和各位說明一下筆者的成長過程及寫作背景。我出生於1975年，家裡經營製作精密電子儀器等切削零件的小工廠（由紀精密股份有限公司），是創辦人的孫子。

1975年時由紀精密所生產的機械類

當時我的父母每天忙於工廠的工作和經營，受奶奶照顧的我浸染在家附近的工廠環境裡成長。讀幼稚園與妹妹玩遊戲時，身邊常聽到像是「去交貨了」、「來去毛邊」這類的用語。之後過著一般的學生生活，大學與研究所都專攻機械工程。當時，並沒有打算要繼承父母經營的小工廠。研究所時的指導教授是現在以「失敗學」聞名的畑村楊太郎教授，我跟著他進行超微細加工技術的開發，研究DNA操作刀具。下圖是筆者所開發的技術，將自己的名字像看板那樣立體地小小地寫在針尖上。由右下圖的比例尺可得知，6個英文字母的寬度是2µm。

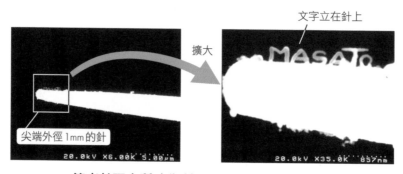

文字立在針上

擴大

尖端外徑1mm的針

20.0kV X6.00K 5.00µm

20.0kV X35.0K 857nm

筆者於研究所時代所開發的超微細加工技術

之後，到3D CAD快速原型設計（高速試作）的新興新創企業任職，從事開發手機模具的超高速製作技術。那時很多原本是使用放電加工的模具製作，都在開發使用切削方式的加工技術，以求壓倒性的縮短手機模具的交期。這項技術開發出來之後的幾年，手機試作模型取得了全球三成的市占率，同時我也獲得第一屆日本製造獎的日本經濟產業大臣獎。

第一屆日本製造獎的經濟產業大臣獎頒獎典禮
（右邊數來第三位為筆者）

當時經驗，使我萌生追求數µm精密切削加工的想法。在該公司服務了6年半左右，2006年10月我轉職到父親經營的由紀精密股份有限公司。由紀精密創立於1950年，是一間歷史悠久的零件加工廠商，規模雖小但是累積了相當多專業技術。

現在的由紀精密

公司裡從開業以來就有生產電子、通訊設備零件，以及近年的民航機、戰鬥機等飛機零件，甚至也有人造衛星的機箱或其測試裝置、太空產品，以可靠度高的技術為根基，製造出的精密切削零件包羅萬象。

電機零件

Takram Design Engineering設計的Phasma頭部

由紀精密所製造的精密切削零件

　　筆者在由紀精密時，藉由一邊開拓業務一邊開發符合需求的加工技術，每天為延續公司的技術不斷努力。本書執筆當下，從由紀精密的三位核心人物那邊得到非常多的協助。其中一人是木村雅之，他是從由紀精密的基層一路爬上來的技術人員，尤其在車削加工領域無人能出其右，世界上只有由紀精密能加工的產品，大多是他的技術結晶。另一人是上野雅弘，他是我前公司的下屬，主要擅長以中心加工機做精密加工，從加工機的構造到NC控制的作動都相當熟知，由紀精密於2009年參加第六屆切削加工夢想大賽時所獲得金獎，其參賽產品就是出自他手。另外還有一人是笠原真樹，在由紀精密負責系統開發，同時也是品質管理主管，在取得ISO9001、JISQ9100（航太、太空品質規格）認證上功不可沒。

上野雅弘先生所製作，於第六屆切削加工夢想大賽獲得金獎的產品鉻鎳鐵合金網

由紀精密公司內部的許多體制都是由他所建立的，本書已盡量詳細記錄他在實際進行精密切削加工時所考量的要點，以及用什麼順序什麼方法推行實務。

執筆本書以來得到各方人士的協助，將其羅列如下好讓我再次表達深深的謝意。

木村雅之先生、上野雅弘先生、笠原真樹先生、八木大三先生、大坪由男先生（以上為由紀精密股份有限公司員工）、齊藤昌平先生（碌碌產業股份有限公司）

索引

國家圖書館出版品預行編目資料

圖解精密切削加工 / 大坪正人著；宮玉容譯 . -- 初版 . -- 臺北市：
易博士文化，城邦文化事業股份有限公司出版：英屬蓋曼群島商
家庭傳媒股份有限公司城邦分公司發行，2021.02
　面；　公分
譯自：すぐに使える精密切削加工
ISBN 978-986-480-137-4(平裝)

1. 機械工作法 2. 精密機械工業

446.89　　　　　　　　　　　　　　　　　　109022190

DA3006
圖解精密切削加工

原 著 書 名／すぐに使える精密切削加工
原 出 版 社／株式會社 技術評論社
作　　　者／大坪正人
譯　　　者／宮玉容
選 書 人／黃婉玉
責 任 編 輯／黃婉玉
總 編 輯／蕭麗媛

發 行 人／何飛鵬
出　　　版／易博士文化
　　　　　　城邦事業股份有限公司
　　　　　　台北市南港區昆陽街16號4樓
　　　　　　電話：(02)2500-7008　傳真：(02)2502-7676　E-mail：ct_easybooks@hmg.com.tw
發　　　行／英屬蓋曼群島商家庭傳媒股份有限公司城邦分公司
　　　　　　台北市南港區昆陽街16號5樓
　　　　　　書虫客服服務專線：(02)2500-7718、2500-7719
　　　　　　服務時間：周一至週五上午0900:00-12:00；下午13:30-17:00
　　　　　　24小時傳真服務：(02)2500-1990、2500-1991
　　　　　　讀者服務信箱：service@readingclub.com.tw
　　　　　　劃撥帳號：19863813　戶名：書虫股份有限公司
香港發行所／城邦（香港）出版集團有限公司
　　　　　　地址：香港九龍土瓜灣土瓜灣道86號順聯工業大廈6樓A室
　　　　　　電話：(852)25086231傳真：(852)25789337
　　　　　　E-MAIL：hkcite@biznetvigator.com
馬新發行所／城邦（馬新）出版集團 Cite (M) Sdn Bhd
　　　　　　41, Jalan Radin Anum, Bandar Baru Sri Petaling, 57000 Kuala Lumpur, Malaysia.
　　　　　　Tel：(603)90563833　Fax：(603)90576622
　　　　　　Email：services@cite.my

視 覺 總 監／陳栩椿
美 術 編 輯／簡至成
封 面 構 成／簡至成
製 版 印 刷／卡樂彩色製版印刷有限公司

Original Japanese title:SUGU NI TSUKAERU SEIMITSU SESSAKU KAKOU
written by Masato Otsubo
© Masato Otsubo2011
Original Japanese edition published by Gijutsu Hyoron Co., Ltd.
Traditional Chinese translation rights arranged with Gijutsu Hyoron Co., Ltd.
through The English Agency (Japan) Ltd.

2021年02月25日 初版
2024年06月05日 初版1.5刷
ISBN 978-986-480-137-4（平裝）

定價1000元　　HK$333

城邦讀書花園
www.cite.com.tw